AF536903

Über die jährliche Bewegung der Sonne und der Erde

Frank Spaan

2022

Impressum

- Bibliografische Information der Deutschen Nationalbibliothek:
  Die Deutsche Nationalbibliothek verzeichnet diese Publikation in der Deutschen Nationalbibliografie; detaillierte bibliografische Daten sind im Internet über http://dnb.dnb.de abrufbar.

- Lektorat: Karin Lanz
- Herstellung und Verlag: BoD Books on Demand, Norderstedt
- ISBN: 978-3-7568-4104-2
- 1. Auflage, 2022 (das Jahr 2022 ist nach dem neuen Kalender von Rudolf Steiner das Jahr 1989).

- Eine Nummer in eckigen Klammern [x] verweist auf die Anmerkungen ab Seite 93.
- Eine hochgestellte Nummer^x verweist auf die Fußnote auf der jeweiligen Seite.
- GA (Nummer) verweist auf den jeweiligen Band der Rudolf Steiner Gesamtausgabe, Rudolf Steiner Verlag, Basel; www.steinerverlag.com
- Das Bild auf der vorderen Seite ist ein Gemälde vom Verfasser mit dem Titel *"Kepler"*; das Zitat auf der hinteren Seite ist aus [17] (Seite 64).

Inhaltsverzeichnis

Kapitel 1

Warum dieses Buch?

Die Problematik der lemniskatischen Planetenbewegungen ist bekanntlich diese, dass bei den Wahrnehmungen der heutigen Astrophysik keine Lemniskaten gesehen werden.

In diesem Buch wird ein neuer Erkenntnisschritt dargestellt, der über die bisherigen Veröffentlichungen zu diesem Thema hinaus geht. Hier wird gezeigt, dass diejenige Bahnen, die die heutige Astrophysik wahrnimmt, sich grundsätzlich auch ergeben können, wenn die Sonne und die Erde sich in lemniskatischen Formen bewegen.

Es besteht somit bei der jährlichen Bewegung der Sonne und der Erde kein Widerspruch zwischen den Aussagen Rudolf Steiners zur Astronomie und den Wahrnehmungen der heutigen Astrophysik.

Um die Berechnungen selbst nachvollziehen zu können, ist die dazu benötigte Mathematik im Anhang wiedergegeben.

Der Inhalt des Buches ist auch ohne diese verständlich.

Es ist für den heutigen Menschen heilend, sich die Welt und die Weltentstehung konkret so vorstellen zu können, dass sie als Basis eine lebendige Bewegung organischer Formen, wie die der drehenden Lemniskaten, haben. Namentlich für den jungen Menschen, für den Unterricht in der Schule, kann dies eine Hilfe sein, die Anthroposophie mit den heute bekannten naturwissenschaftlichen Resultaten in Übereinstimmung zu empfinden.

Dieser Beitrag zu einer anthroposophischen Himmelsdynamik nach Rudolf Steiner ist nach ausführlicher Vorarbeit (siehe Kapitel 8.2) ab Pfingsten 2020 auf den Punkt gebracht und in Worte gefasst 3×33 Jahre (siehe [29]) nachdem Rudolf Steiner den Kurs gehalten hat mit dem Titel: *"Das Verhältnis der verschiedenen Naturwissenschaftlichen Gebiete zur Astronomie."*.

Kapitel 2

Einführung in die Planetenbewegungen

Wenn man versucht sich das Sonnensystem vorzustellen, treten heute fast ausschließlich Bilder auf, die eine einfache Mechanik darstellen: in der Mitte die große Sonne, um sie kreisen die Planeten, wozu auch die Erde gehört. Eine Erweiterung dieses Bildes besteht darin, dass diese Kreise eigentlich Ellipsen sind, und dass die Sonne, mit dem ganzen Planetensystem sich zusätzlich in einer bestimmten Richtung bewegt.

Bis über das Mittelalter hinaus dachte man anders über das Sonnensystem: die Erde in Ruhe im Mittelpunkt und Sonne und Planeten kreisen um die Erde.

Könnte es aber auch sein, dass Sonne und Erde sich umeinander drehen, um einen gemeinsamen Mittelpunkt?

Oder ist es noch ganz anders, so wie Rudolf Steiner es andeutet - wir werden später ausführlich darüber sprechen -, dass Sonne und Erde sich in Bahnen in Form von Lemniskaten bewegen?

Diese möglichen Bewegungen sind schematisch dargestellt in Abbildungen 2.1 bis 2.4.

Alle diese Vorstellungen kann man tatsächlich haben, aber man kann eigentlich nur schwer oder gar nicht unterscheiden, ob sich die erste oder die zweite oder eine andere Bewegung in der Wirklichkeit abspielt. Das liegt daran, dass es in der Nähe des Sonnensystems eigentlich keine Referenzpunkte gibt, durch die man bestimmen könnte ob man selbst (die Erde) sich bewegt oder die Umgebung (die Sonne) oder beide sich bewegen. Die Himmelsmechanik (*celestial mechanics*, Teil der Astrophysik), kennt diese Probleme, gibt aber nach außen eigentlich nur die erwähnte einfache Darstellung mit der Sonne in der Mitte, wobei sich das ganze System zusätzlich in einer bestimmten Richtung bewegt.

Wie kann man bestimmen, wie die Sonne, die Erde und andere Himmelskörper sich in Wirklichkeit bewegen? Diese Frage hat Rudolf Steiner sich gestellt; in [24] betont er, dass die wis-

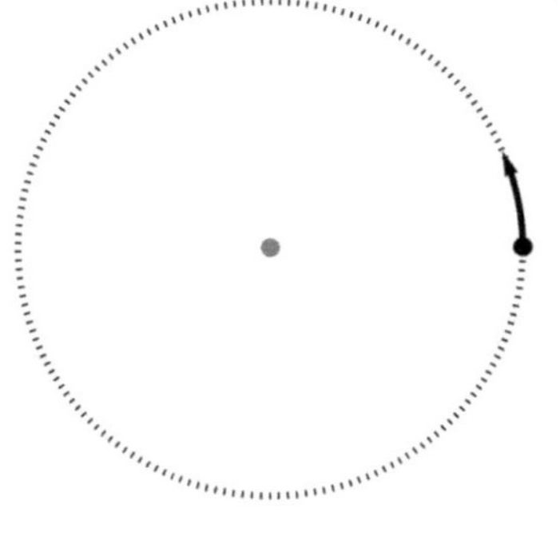

Abbildung 2.1: *Schema der Bewegung der Erde (schwarzer Punkt) um die Sonne (Grau); die heutige Sicht der Astrophysik.*

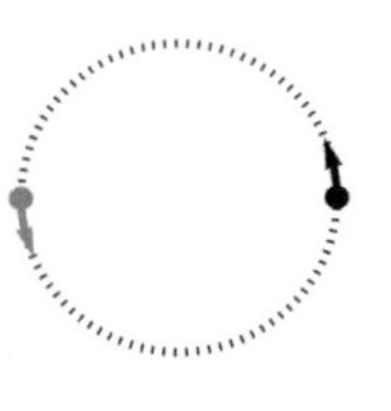

Abbildung 2.3: *Hier drehen die Sonne und die Erde um einander; bei gleich bleibender Entfernung voneinander ist der Bahnkreis hier zwei mal so klein wie vorher.*

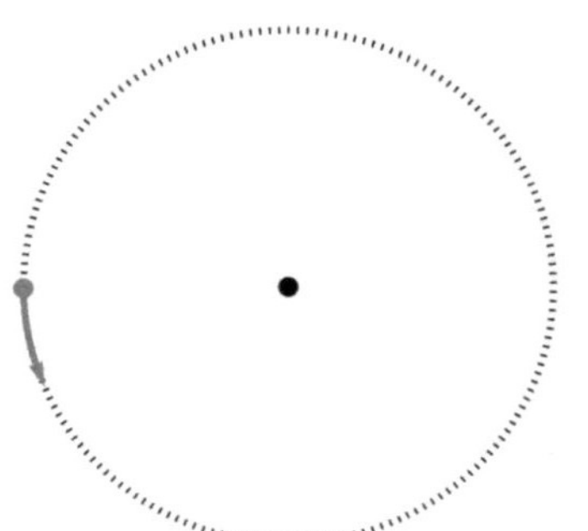

Abbildung 2.2: *Hier bewegt sich die Sonne um die Erde; die Vorstellung des Mittelalters.*

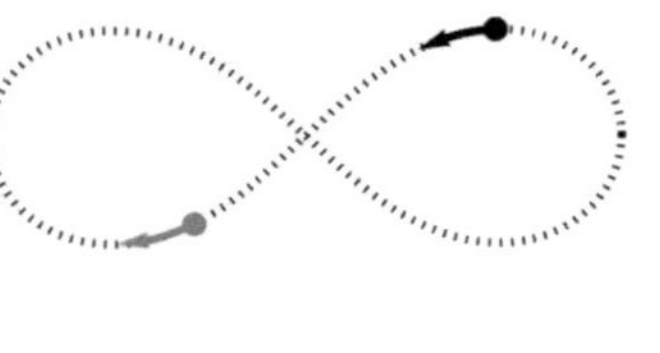

Abbildung 2.4: *Hier bewegen sich die Sonne und die Erde in einer Lemniskate; auch diese Darstellung ist schematisch und wird in diesem Buch später ausgearbeitet.*

senschaftliche Methode, wie man an solche Themen heran geht, sich ändern muss und zwar in die geisteswissenschaftliche Richtung, will man zu Ergebnissen kommen, die der Wirklichkeit entsprechen.

Grundsätzlich geht es darum, von dem Menschen selbst aus zu gehen. Wenn man sich bewegt, kann man eigentlich nur entscheiden, ob man selbst sich bewegt (die Erde) oder seine Umgebung (die Sonne), wenn man seine innere Änderungen wahrnehmen kann; zum Beispiel Ermüdung - die eben nur auftritt, wenn man sich selbst bewegt. (eine ausführlichere Darstellung finden Sie in [24], ab Seite 288.)

Rudolf Steiner hat auf diese Weise mit seinen geistigen Wahrnehmungsfähigkeiten, die Bewegungen der Sonne, der Erde und den Planeten erkenntnismässig erarbeitet. Die Resultate hat er uns vermittelt - diese zu verstehen ist unsere Aufgabe, und diese Arbeit soll dazu einen Beitrag leisten.

Gegen Ende des Kurses über das Astronomische [24] will Rudolf Steiner den TeilnehmerInnen noch etwas Konkretes geben und beschreibt, dass die Sonne, die Erde und die Planeten sich auf lemnniskatischen Grundformen bewegen. Dies ist etwas ganz anderes als das heutige heliozentrische Bild und lässt sich nicht so einfach einordnen. Wenn aber das, was Rudolf Steiner beschreibt die Wirklichkeit ist, ist es unsere Aufgabe herauszufinden, wie die Brücke gebaut werden kann zwischen den lemniskatischen Bahnen und die von der Astrophysik wahrgenommenen Ellipsen.

Es hat seit Rudolf Steiner einige wenige Menschen gegeben, die sich tiefer gehend mit dieser Problematik beschäftigt haben; wir nennen hier Elisabeth Vreede [6], Joachim Schultz [4] und Hermann Bauer [2]; auch heutzutage versuchen Menschen diese Problematik zu verstehen.

Ein durchgreifendes Verständnis der Problematik der lemniskatischen Planetenbewegungen hat sich aber aus diesen Bemühungen noch nicht ergeben können.

Die vorliegende Arbeit hat sich entwickeln können im Zeitalter der weitgehenden Erschließung der Rudolf Steiner Gesamtausgabe, der schnellen Rechner und der hochentwickelten Computerprogramme. Auf diesen Grundlagen und mit viel Zeit und Aufwand ist, so kann man sagen, jetzt ein deutlich weiterer Schritt möglich. Der Unterschied, der sich im Vergleich zu vielen anderen Texten ergeben hat, besteht darin, dass hier nicht nur die Angaben von Rudolf Steiner berücksichtigt werden, sondern auch die Übereinstimmung mit den quantitativen Wahrnehmungen der Astrophysik gesucht und gefunden ist.

Es wird hier zunächst auf die jährliche Bewegung von Sonne und Erde eingegangen. Wenn diese verstanden ist, wird das eine Grundlage bilden können für die Erarbeitung des Verständnisses der vielen komplexen Bewegungen der Himmelskörper im ganzen Sonnensystem.

In den folgenden Kapiteln wird angeschaut, was die heutige Astrophysik sagt zu den Planetenbahnen und es wird einen Überblick gegeben über die Aussagen von Rudolf Steiner. Danach wird die

Lemniskate angeschaut mit ihren Eigenschaften und die Erkenntnisse werden angewendet auf die Problematik der lemniskatischen Planetenbewegungen. Ein konkretes Ergebnis wird dargestellt mit Simulationsresultaten und einem Vergleich mit den astrophysischen Wahrnehmungen.

Die Resultate dieser Arbeit zeigen, dass die Bewegung von Sonne und Erde in Lemniskaten in Übereinstimmung mit den astrophysischen Wahrnehmungen grundsätzlich möglich ist.

Kapitel 3

Was sagt die Naturwissenschaft?

Wenn der Mensch, stehend auf der Erde, emporblickt, sieht er die Sonne am Himmel. Sie bewegt sich am Tag - auf der nördlichen Hemisphäre - von links nach rechts. Im Jahr bewegen sich die Sterne hinter ihr, so dass man die Sonne sich von rechts nach links bewegend empfindet.

Wenn man sich vorstellen will, wie diese jährlichen Bewegungen räumlich vor sich gehen, dann kann man, wie dargestellt in Kapitel 2, unterschiedliche Ansichten vertreten: die Sonne dreht um die Erde (geozentrisch), die Erde dreht um die Sonne (heliozentrisch), sie drehen sich umeinander, sie bewegen sich in lemniskatischen Bahnen, oder noch anders. Weil es keine Referenzpunkte in der Nähe gibt, ist es schwierig festzustellen, wer sich wie bewegt; man sieht nur die relative Bewegung.

Die heutige Astronomie hat trotzdem versucht die objektive Bewegung von Sonne und Erde zu messen. Sie kommt zu einer elliptischen, fast kreisförmigen Bewegung der Erde um die Sonne in einer gewissen Ebene, der Ekliptik. Darüber hinaus findet sie eine zunächst gerade Bewegung der beiden in einer Richtung die einen bestimmten Winkel zur Ekliptik hat. Insgesamt liefert das eine Spiralbewegung (Abbildung 3.1). Die Sonne verfolgt ihre gerade Bahn nach oben (Grau), während die Erde diese umkreist (Schwarz). Diese ganze Bewegung spielt sich an einem bestimmten Ort im Milchstraßensystem ab. Letzteres dreht und bewegt sich wiederum; diese Bewegungen beachten wir hier nicht.

Um die Bahnen einfacher darstellen zu können, betrachten wir die Situation aus der Perspektive, in der wir auf der Erde stehen. So sehen wir von der Erde aus, als ob sie in Ruhe ist, die Position der Sonne sich im Jahr ändern. Man kann die Bahnparameter für die Sonne, gesehen von der Erde aus - für die geozentrischen Sonnenbahn - den Ephemeriden für das Jahr 2020 entnehmen. Diese Parameter sind: die

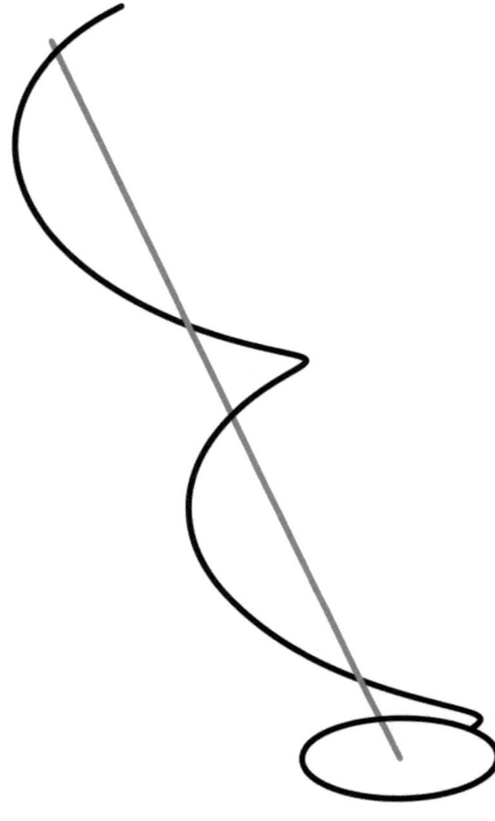

Abbildung 3.1: *Die Bahnen der Sonne (Grau) und der Erde (Schwarz), nach Angaben der Astrophysik. Der Kreis deutet die gedachte Bahn der Erde an für den Fall dass die Sonne und die Erde sich nicht nach oben bewegen würden, und hilft die Perspektive zu sehen.*

Entfernung r, der Winkel θ über die Ekliptik und der Orientierungswinkel ϕ in der Ekliptik - sie werden in Kürze weiter besprochen werden.

Ephemeriden sind berechnete Positionen, in diesem Falle der Sonne, die sich ergeben auf Basis von gemessenen Positionen und von Formeln der Himmelmechanik inklusive Korrekturen. Die hier angewendeten Ephemeriden sind von Swetest [36] bezogen, die wiederum ihre Daten, wie fast alle, die sich mit Ephemeriden beschäftigen, vom Jet Propulsion Laboratory [35] beziehen. Hier wird nicht eingegangen auf die Methoden, die dieses Labor nützt, um zu seinen Ergebnissen zu kommen. Nimmt man aber diese Positionen, dann bekommt man folgende Resultate für die Position der Sonne, von der Erde aus gesehen, für das Jahr 2020.

Man sieht in Abbildung 3.2, dass die Sonnenbahn fast ein Kreis ist; das Verhältnis zwischen längstem und kürzestem Radius der Bahn ist 1.034 diese Zahl brauchen wir später bei den Simulationen der lemniskatischen Bahnen. In Abbildung 3.3 ist eine Kurve gegeben, die die Abweichung des Radius vom Mittelwert im Jahr darstellt.

Die Sonne macht eine dreidimensionale Bewegung. Die Entfernung zur Erde, der Radius r der Bahn, haben wir gerade besprochen. Ein zweiter Parameter zeigt wie weit die Sonne im Laufe des Jahres aus der Ekliptikebene herauskommt. Diese Abweichung, der Winkel θ, ist sehr klein. Die Zahlen in Abbildung 3.4 sind in Grad angegeben und maximal 0.0002 Grad (zum Vergleich: die

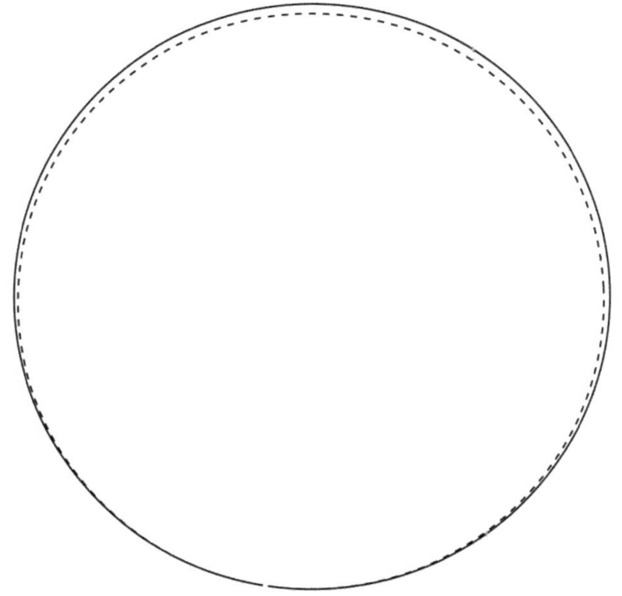

Abbildung 3.2: *Die berechnete Sonnenbahn aus geozentrischer Sicht in 2020, von oben gesehen (Schwarz), und ein mathematischer Kreis (gestrichelt).*

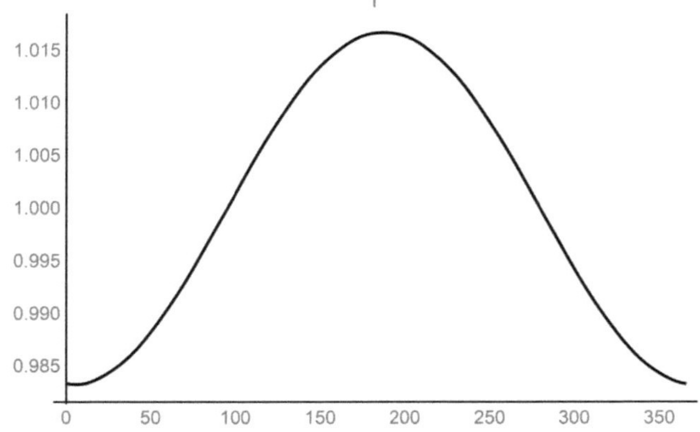

Abbildung 3.3: *Die berechnete Entfernung der Sonne von der Erde über das Jahr 2020, dargestellt als Abweichung von einem Mittelwert 1. Die Zahlen links zeigen, dass die Abweichung weniger beträgt als 2%*

Sonne selbst hat einen Durchmesser von etwa 0.5 Grad); solche Abweichungen sind also normalerweise nicht sichtbar. Diese winzige Abweichung hat aber einen interessanten Rhythmus von etwa vier Wochen, der mit dem Mond zusammenhängen könnte.

Ein dritter Bahnparameter ist ϕ, ein Winkel der angibt, wo in ihrer fast kreisförmigen Bahn sich die Sonne befindet. In einem normalen Kreis würde die Sonne regelmäßig Tag für Tag ihre 360 Grad durchlaufen, also jeden Tag etwa 1 Grad sich weiter bewegen - der Winkelparameter ϕ läuft dann von 0 bis 360 Grad. In der berechnete Sonnenbahn weicht das aber etwas ab; diese Abweichung ist dargestellt in Abbildung 3.5. Man sieht, dass die Sonne bis etwa 2 Grad vor oder hinter der Position ist, die man beim normalen Kreisdurchlaufen erwarten würde. Auch diese Zahl können wir später vergleichen mit dem, was aus den Simulationen kommt.

Wenn wir jetzt die in der Astrophysik übliche Perspektive annehmen, dann haben wir die Sonne in der Mitte und die Erde sie umkreisend. Dann dreht die Erde um die Sonne in einem Jahr in

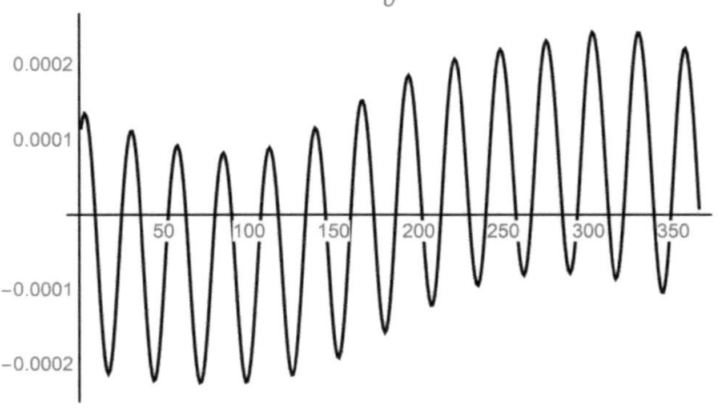

Abbildung 3.4: *Abweichung der Sonnenbahn von der Ekliptikebene, angegeben in Grad. Die Zahlen links sind sehr niedrig, fast gleich Null.*

einem ungefähren Kreis mit einem Radius von etwa 150 Millionen Kilometer. Das ergibt eine Geschwindigkeit im Kreis von etwa 30 Kilometer pro Sekunde (Km/S). Die Sonne bewegt sich, zusammen mit der Erde und mit allen anderen Planeten, mit etwa 20 Km/S in einer Richtung, die einen Winkel mit der Sonne-Erde-Ebene (Ekliptik) hat von etwa 53 Grad. Wie das aussieht ist dargestellt in Abbildung 3.1 auf Seite 12.

Diese Geschwindigkeit der Sonne ist so, dass, wenn die Erde in einem Jahr eine Umdrehung gemacht hat, und eine bestimmte Strecke zurückgelegt hat in ihrem Kreis - oder eigentlich Spirale - die Sonne etwa $2/3$ dieser Strecke auf ihrer geraden Bahn fortgeschritten ist.

Schaut man von oben in die Spirale der Sonnenbahn entlang und von nicht sehr weit,

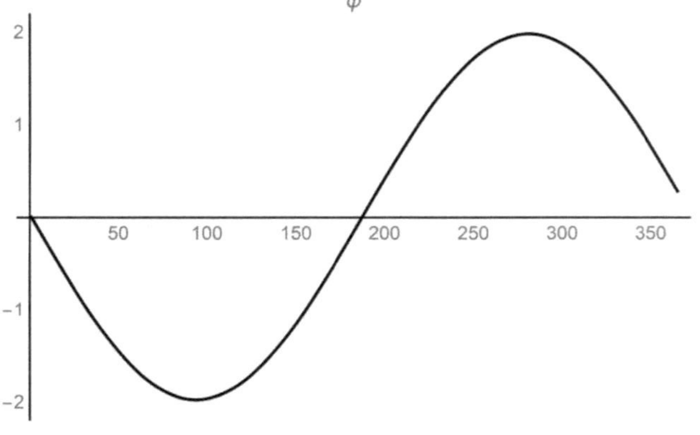

Abbildung 3.5: *Bei einem regelmässigen Kreisdurchlauf würde die Sonne in 365 Tagen 360 Grad zurücklegen. Wie weit die Sonne vor oder hinter diesem Wert sich befindet durch das Jahr, ist hier dargestellt - die Abweichung ist nie mehr als etwa 2 Grad.*

dann sieht man, dass Ellipsenformen zu sehen sind, so wie in Abbildung 3.6. Von sehr weit gesehen (mathematisch richtiger: bei unendlicher Entfernung), sieht man nur noch eine und zwar präzise Ellipse, wie in Abbildung 3.7. Diese Ellipse ist ein optischer Effekt, man sieht gewisserweise den Bahnkreis aus einem schiefen Winkel. Dabei ist zu beachten, dass einerseits die Bahnen von Sonne und Erde wie wir sie wahrnehmen in der Ekliptik, nahezu Kreise sind; aber andererseits die Ellipse aus Abbildungen 3.6 und 3.7 zwar auftreten kann, so bald man auf eine schief stehende Spirale schaut.

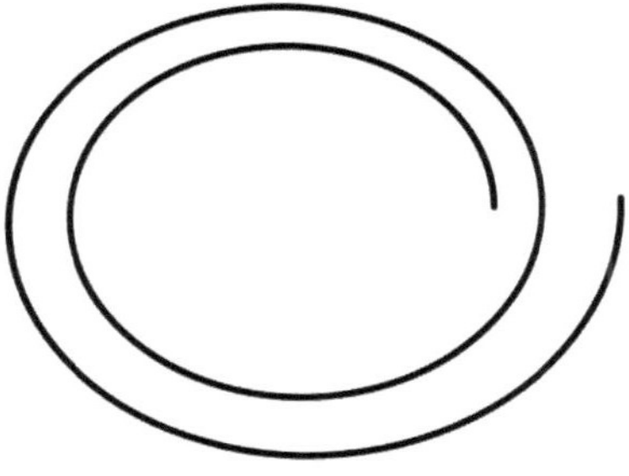

Abbildung 3.6: *Blick auf die Spirale, der Sonnenbahn entlang; hier aus der Nähe betrachtet, wodurch die nahen Spiralkreise größer erscheinen als die weiter entfernten.*

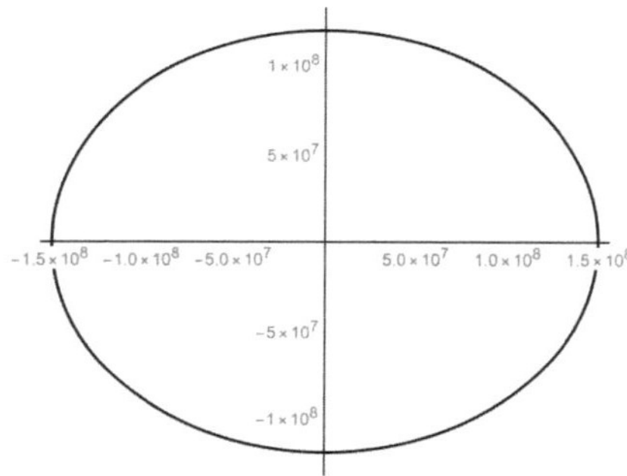

Abbildung 3.7: *Wie Abbildung 3.6, aber jetzt von der Ferne angeschaut; es entsteht eine richtige Ellipse.*

Aus diesen Darstellungen ergibt sich ein Bild der Herausforderung, die jetzt bevorsteht:

Da die Wahrnehmung eine sehr kreisähnliche, sehr flache Bahn für die Bewegung zwischen Sonne und Erde ergibt, müssen solche lemniskatischen Bewegungen im Raume gesucht werden, die als Resultat aller dieser Bewegungen einen fast perfekten Kreis ergeben.

Wir haben jetzt die Astrophysik gehört; im nächsten Kapitel gehen wir den Anweisungen Rudolf Steiners zu den Planetenbahnen nach.

Kapitel 4

Was sagt die Geisteswissenschaft?

Rudolf Steiner hat in seiner anthroposophisch orientierten Geisteswissenschaft viele Male gesprochen über die Bewegungen der Himmelskörper. In der Gesamtausgabe seiner Werke [10] sind diesbezüglich viele Stellen zu finden.

Hier folgt eine Auswahl der Angaben Rudolf Steiners, namentlich zum Thema der jährlichen lemniskatischen Bewegungen der Sonne und der Erde.

4.1 Frühe Äußerungen

In den frühen Äußerungen werden die Lemniskaten noch nicht erwähnt, es wird aber doch angedeutet wie man von gewissen Gesichtspunkten aus namentlich Kreise und Spirale findet in Bezug auf planetarischen Bewegungen.

Es folgen Zitate aus GA 98 ([13]), GA 100 ([15]), GA 101 ([16]), GA 159 ([18]), GA 295 ([22]), GA 300a ([23]), GA 324a ([25]) und GA 343 ([26]).

"Der Makrokosmos hängt auf das innigste zusammen mit dem Mikrokosmos; durch die Einteilung der Zeiten wird das Leben geregelt. Während der alten Mondenzeit war es ganz anders. Da gab es eine ganz andere Zeiteinteilung, einen ganz anderen Wechsel zwischen Tag und Nacht, denn der alte Mond bewegte sich ganz anders. Die Wesenheiten, die heute die Bewegungen lenken, haben in ihrem eigenen Leben diese Bewegungen schon vorbereitet, denn hinter diesen Bewegungen stehen geistige Wesenheiten; sie sind die Taten geistiger Wesenheiten. In diesen Bewegungen wird der Mensch einst eine tiefe Weisheit erkennen. **Im Umlauf der Erde um die Sonne, diesem sogenannten Umlauf, liegt eine tiefe Weisheit, und der Mensch wird**

einst erkennen, daß darin etwas ungeheuer Bedeutungsvolles sich abspielt. Wundern Sie sich nicht, daß ich sage: 'sogenannt' . Was heute in den Schulen gelehrt wird über die Art, wie die Erde sich um die Sonne bewegt, ist nur das Ergebnis eines Rechenexempels. Es ist gar nicht absolut wahr. Diese Erklärung wird auch einst ganz andere Formen annehmen. Selbst geschichtlich könnten sich die Menschen unterrichten, daß es nicht so ist. Es ist eine ganz merkwürdige Sache mit dem System des Kopernikus. Er gründete seine Anschauung auf drei Grundsätze, von denen die heutige Wissenschaft nur zwei angenommen hat, den dritten aber unter den Tisch hat fallen lassen. In Wirklichkeit rast die Sonne mit großer Geschwindigkeit durch den Weltenraum auf das Sternbild des Herkules zu. Eine solche Bewegung, wie sie gewöhnlich geschildert wird, wird nur dadurch vorgetäuscht, daß sich die Planeten mitbewegen. Die wahre Erdbahn bildet eine **Schraubenlinie**. Was man die Schiefe der Ekliptik nennt, ist die Schwerkraftlinie zwischen Sonne und Erde. Man hat vergessen, daß die Erde im Laufe eines Jahres sich einmal dreht um die Achse der Ekliptik, und diese Drehung

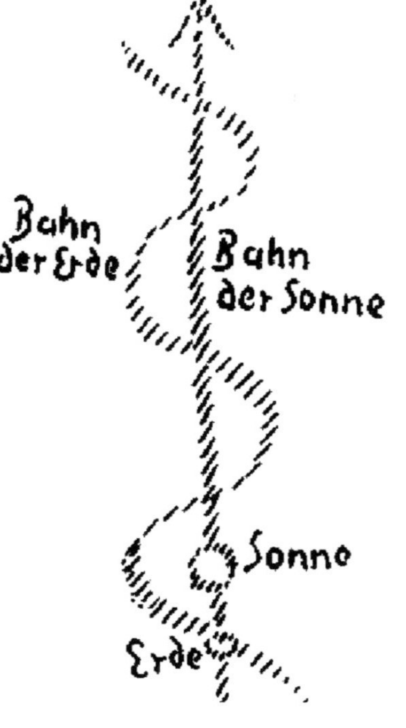

Abbildung 4.1: *Die Sonne auf einer geraden Bahn und die Erde auf einer Spirale. Aus GA 98 S.231*

kombiniert sich mit der Schraubendrehung. Diese beiden Dinge hat Kopernikus noch auseinandergehalten, aber jetzt tut man es nicht mehr. Die Bewegung mit der Ekliptik hat man fallen gelassen. So stimmt es mit den Tatsachen gar nicht überein, wenn man sagt, die Erde dreht sich um die Sonne. In Wahrheit ist eine

Schraubenbewegung vorhanden. Wenn diese Schraubenlinie eine Gerade wäre, so müßte der Fortschritt ein ungeheuer schneller sein; die Erde müßte ihren Weg mit ungeheurer Schnelligkeit zurücklegen, und das wäre gerade das, was der Mensch nicht vertragen könnte. Wenn die Erde jene Räume wirklich durchmessen würde, die sie geradlinig zurücklegen würde, dann müßte der Mensch gleich alt werden. Nun ist aber die Bewegung in einer weisen Art abgebogen durch die leitenden Geister. Der absolute Fortschritt wird durch die andere Art der Bewegung verzögert. Sie sehen, wie tiefe Weisheit im Kosmos liegt; diese Weisheit ist der Ausdruck der leitenden Geister. Wir haben Regulatoren unserer Evolution, gegeben in den Engeln und Erzengeln. Die Kräfte, die wirken von Inkarnation zu Inkarnation, die den Menschen weitertreiben, daß er nicht mumifiziert werden kann, das sind die Regulatoren künftiger Umlaufszeiten des Jupiter. **Solche Geister, die über dem Menschen stehen und sein Leben regeln, nennt man daher auch 'Geister der Umlaufszeiten', weil ihre Taten später in den Umlaufszeiten der Himmelskörper zum Ausdruck kommen werden.** In dem, wie die Sterne sich heute bewegen, können Sie die Resultate sehen dessen, was höhere Wesenheiten damals getan haben, und in der heutigen Menschheit können Sie schon die künftigen Umlaufszeiten erkennen. Da kommt ungeheures geistiges Leben in den Himmelsraum hinein, wenn wir ihn so betrachten lernen." (GA 98 S.230)

"Sie wissen, die Planeten bewegen sich mit ganz bestimmten Geschwindigkeiten um die Sonne. Aber auch diese bewegt sich, und es ist diese Bewegung, wie auch die der Planeten, welche von den okkulten Astronomen genau erforscht worden sind. **Die Forschung hat ergeben, daß die Sonne sich um einen geistigen Mittelpunkt bewegt, und daß die Bahnen der Planeten Spiralen sind, deren Richtlinie die Sonnenbahn ist.**" (GA 101 S.151)

"**In Wahrheit ist es so, daß die Sonne sich selbst bewegt und die Erde und die andern Planeten ihr in einer schraubenförmigen Bewegung nachlaufen.** Und dadurch, daß gewisse Stellungen, wenn es so schraubenförmig herumgeht, entstehen, steht die Erde einmal so, ein andermal so. Dadurch kommt der

Schein einer Ellipse heraus. In Wahrheit ist es eine andere Linie. Kommen wird die Zeit, da auch die äußere Wissenschaft das wissen wird." (GA 159 S.231, 3. bearbeitete Auflage 2005)

"Nun, es wird diese Auffassung immer mehr an Bedeutung abnehmen, weil das seither Angenommene über diese Bewegungen nicht ganz richtig ist. In Wirklichkeit hat man es zu tun mit einer solchen Bewegung (Rudolf Steiner zeichnet an die Tafel): Da ist zum Beispiel (1. Stellung) einmal hier die Sonne; da ist Saturn, Jupiter, Mars, und da ist Venus, Merkur, Erde. Nun bewegen sich die alle in der angegebenen Richtung (Schraubenlinie) so hintereinander fort, daß, wenn die Sonne dann da herübergekommen ist (2. Stellung), so ist Saturn, Jupiter, Mars hier, Venus, Merkur und die Erde da. Und jetzt dreht sich die Sonne weiter und geht dahin (3. Stellung). Dadurch wird der Schein hervorgerufen, als wenn sich die Erde um die Sonne drehte. **In Wahrheit geht die Sonne voran, und die Erde kriecht immer nach.**" (GA 295 S.151)

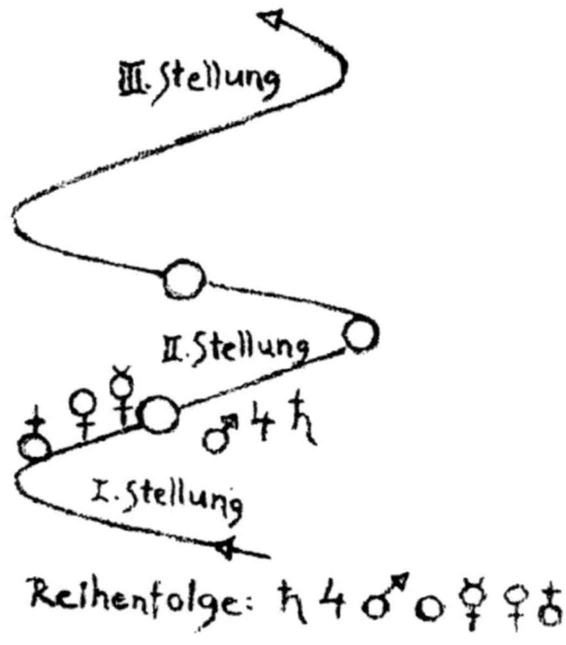

Abbildung 4.2: *Die Sonne und die Planeten; alle auf einer Spirale. Aus GA 295*

"Jetzt muß man einfach sich vorstellen, das schraubt sich fort. Das andere ist scheinbare Bewegung. Die Schraubenlinie setzt sich im Weltenraum fort. Also nicht, daß sich die Planeten um die Sonne bewegen, sondern diese drei: Merkur, Venus, Erde, ziehen der Sonne nach, und diese drei: Mars, Jupiter, Saturn, gehen voraus. Dadurch wird hervorgerufen, wenn also die Erde da steht, das hier ist die Sonne, da zieht die Erde nach. Da sieht man so hin auf die Sonne von hier aus, und das bewirkt, daß es ausschaut, als wenn die Erde herumgehe, während sie nur nachzieht. Die Erde zieht der Sonne nach. Die Steigung ist gleich dem, was man den Deklinationswinkel nennt; wenn Sie den Winkel, den Sie herausbekommen, wenn Sie den Ekliptikwinkel nehmen, den sie einschließt mit dem Äquator, dann kriegen Sie das heraus. **Also nicht eine Spirale, sondern eine Schraubenlinie.** Es ist nicht eben, sondern räumlich.Wenn die Erde hier sein würde, würde die Erdachse eine Tangente sein. Der Winkel ist 23 1/2 Grad. Der Winkel, der mit der Schraube eingeschlossen wird, ist derselbe, den Sie herauskriegen, wenn Sie den Nordpol nehmen, und da diese Lemniskate machen als Bahn eines der Sterne in der Nähe des Nordpols. Das müßte ich konstatieren. Da bekommt man

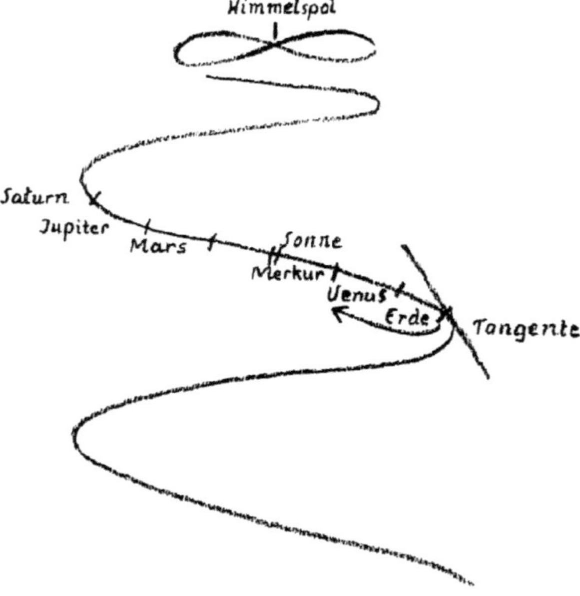

Abbildung 4.3: *Wie in GA 295, die Spirale und die Himmelskörper. Aus GA 300a*

> eine scheinbare Lemniskate heraus, wenn man diese Linie verlängert. Sie ist nicht vorhanden, weil der Nordpol fix bleibt, der Himmelsnordpol." (GA 300a S.89ff)

Hier ist zwar von einer Lemniskate die Rede, aber nur von der lemniskatischen Orientierung der Rotationsachse der Erde.

> "Und nun kann ich nur resümieren - wie gesagt, die Auseinandersetzung, die sich ganz im einzelnen mathematisch - geometrisch darlegen läßt, die würde Stunden in Anspruch nehmen -, aber es kommt, wenn man nun wirklich das dritte kopernikanische Gesetz ernst nimmt, wenn man es wieder aufnimmt, so kommt nicht eine Bewegung der Erde um die Sonne zustande, sondern es geht gewissermaßen so, daß die Sonne sich bewegt, und während das zustande kommen würde, was Umdrehung der Erde um die Sonne wäre, wäre die Sonne schon davongelaufen während dieser Umdrehung. Also die Erde kann sich nicht um die Sonne drehen, sondern die Sonne wäre ihr schon davongelaufen. **So daß in Wahrheit dann zustande kommt ein Fortgehen der Sonne und ein Nachgehen der Erde und der anderen Planeten, der Sonne nach, so daß man es eigentlich zu tun hat mit einer Schraubenlinie, die sich fortbewegt und gewissermaßen an einem Punkt die Sonne [und] an einem anderen Ende die Erde wäre.** Dadurch, daß man es das eine Mal mit einem solchen Visieren, Erde - Sonne, und mit einem anderen Visieren, schraubenlinienartig fortschreitend, zu tun hat, kommt der Schein der Drehung der Erde um die Sonne zustande." (GA 324a S.178, ohne Zeichnung)

> "Nachdem ich dieses vorsichtigerweise vorausgesetzt habe, möchte ich Sie bitten, ein zunächst für weitere Anschauungen brauchbares Ergebnis der Geisteswissenschaft über das Verhältnis der Erdenbewegung zur Sonnenbewegung hinzunehmen. Das ist so, daß man sich vorzustellen hat, die Sonne bewegt sich in einer Kurve durch den Weltraum. Diese Kurve, genügend weit verfolgt, stellt sich als eine komplizierte Spiralform heraus. Wenn ich die Verhältnisse einfach zeichne, einfacher als sie sich zunächst darstellen, so würde ich folgende Form der Sonnenbahn bekommen (Abbildung 4.4, links). Die Erde bewegt sich nun in derselben Bahn, und zwar läuft sie hinter der Sonne nach. Wenn Sie nun die ver-

schiedenen möglichen Stellungen der Erde zur Sonne betrachten, so werden Sie sehen, bei dem hier Gezeichneten würde ein Beschauer nach rechts blikken müssen, um die Sonne zu sehen. Ich werde eine andere mögliche Stellung zeichnen (Abbildung 4.4, rechts). Die Pfeile geben die Blickrichtung. Man sieht das eine Mal die Sonne so hin, das andere Mal die Sonne so hin. Wenn Sie sich das in der entsprechenden Weise innerlich modellieren, so werden Sie leicht begreifen, daß dieses Nachlaufen der Erde [hinter] der Sonne dadurch gewissermaßen das eine Mal von der einen, das andere Mal von der anderen Seite sich ausnimmt wie eine Bahn der Erde um die Sonne in einem Kreise oder in einer Ellipse. **Während man es also zu tun hat mit einem Nachlaufen der Erde um die Sonne, wird dieses differenziert durch gewisse Verhältnisse, deren Auseinandersetzung stundenlang in Anspruch nehmen würde. In Wahrheit dreht sich eigentlich bloß die Blickrichtung. Wie gesagt, was ich Ihnen hier zusammenfasse, ist Ergebnis langwieriger geisteswissenschaftlicher Untersuchungen und kompliziert sich ja noch, wenn man ande-**

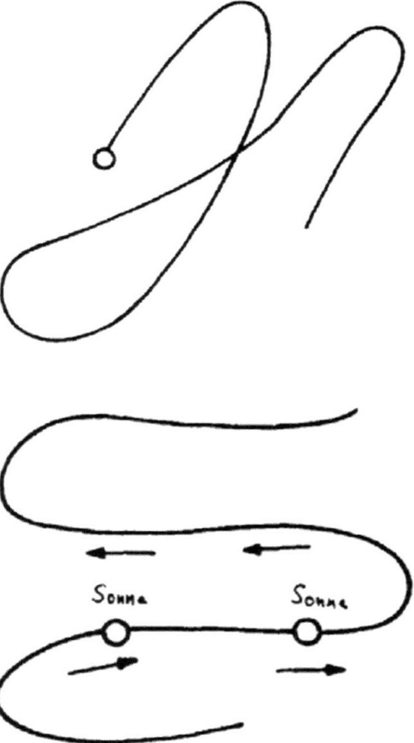

Abbildung 4.4: *Die Sonne in ihrer räumlichen Bahn; verschiedene Perspektiven. Aus GA 324a*

re Verhältnisse hinzunimmt, denn man muß sich klar sein darüber, wenn man überhaupt immer mehr und mehr überblickt von den Sonnenverhältnissen, so verschwimmt allmählich dasjenige, was sich sonst leicht und bequem mit einigen Linien aufzeichnen läßt, so wie man es für die Schulbuben mit dem kopernikanischen System macht, das verschwimmt allmählich in ein immer Komplizierteres und Komplizierteres. Die Linien gehen über in etwas, was man überhaupt nicht mehr zeichnen kann, sondern was aus dem Räumlichen dann überhaupt herausfällt." (GA 324a S.205)

"Und der Fehler, der da zugrundeliegt, hat bewirkt, daß heute noch die Leute glauben, die Erde laufe im Laufe eines Jahres um die Sonne herum, was nämlich gar nicht der Fall ist in Wirklichkeit. Sie geht in einer Kurve hinter der Sonne nach, **die Sonne bewegt sich in einer Spirale fort** (während der folgenden Ausführung wird an der Tafel demonstriert, Abbildung 4.5) - , **die Erde läuft ihr nach in derselben Schraubenlinie.** Wenn Sie so hinsehen, ist die Sonne auf der Linie, wenn die Sonne untergegangen ist und die Erde ist hier, so sehen Sie so hin; dadurch entsteht die Illusion,

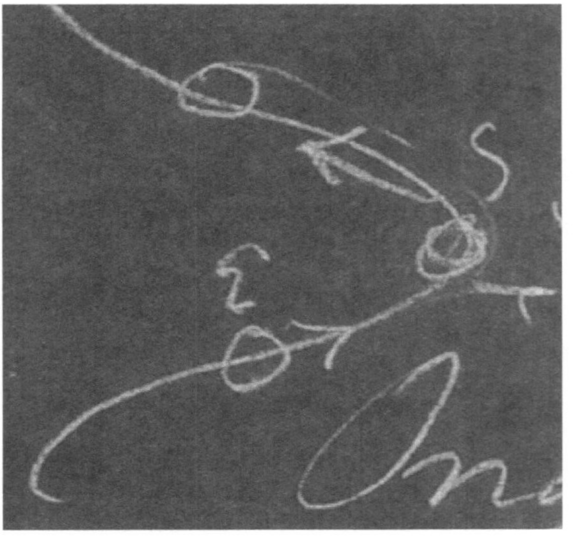

Abbildung 4.5: *Die Sonne und die Erde auf einer Spirale. Wandtafelzeichnung, Ausschnitt, aus GA 343*

als ob die Erde sich um die Sonne herumbewege. In Wahrheit läuft sie ihr in einer Schraubenlinie nach." (GA 343 S.528)

Aus diesen Vorträgen entnehmen wir, dass es sich um eine Situation handeln muss, in der die Erde in einer Schraubenlinie der Sonne nachläuft.

4.2 Aus GA 171

Das erste mal spricht Rudolf Steiner ausführlich über Lemniskaten im Zusammenhang mit den

Planeten im Jahr 1916, siehe GA 171 ([19], Vortrag 8, ab Seite 184). Diese Vorträge wurden von Helene Finckh stenographiert; die Zeichnungen im Text sind gemacht auf Grund ihrer Skizzen nach Wandtafelzeichnungen von Rudolf Steiner; in GA 171 sind diese nachgezeichnet von Assja Turgenieff - die Wandtafelzeichnungen selbst sind nicht erhalten. Siehe auch Kapitel 7.5.

Abbildung 4.6: *Hier wird zum ersten Mal im Rahmen der Planetenbewegungen die Lemniskate explizit dargestellt, und zwar für die Sonne. Aus GA 171, erste Zeichnung*

> "Sehen Sie, dem geistig gebildeten Betrachter bietet sich zum Beispiel folgendes dar. Er kommt auf eine gewisse Bewegung der Sonne, und diese Bewegung der Sonne, die verläuft so - von einem gewissen Punkte aus gesehen. Ja, so ist es, die Bewegung verläuft so, nur daß, wenn ich dieses hier zeichne und die Sonne wiederum zurückführe, nicht genau der Punkt mit dem früheren Punkt zusammenfällt, sondern etwas darüber liegt. (Abbildung 4.7) Dies ist eine wirkliche Bewegung der Sonne, die man geistig wahrnehmen kann. Aber auch die Erde macht gewisse Bewegungen im Laufe eines Jahres. Und das ist so, daß die Erde diese Bahn beschreibt, geistig betrachtet (stark schraffiert): Perspektivisch müssen Sie sich das vorstellen. Wenn Sie sich die Sonnenbahn so vorstellen in einer Ebene liegend, so ist die Erdenbahn in dieser Ebene liegend, von der Seite gesehen. (Abbildung 4.8) Wenn das die Sonnenbahn wäre, als Linie betrachtet, ist die Erdenbahn so: Aber es gibt im wesentlichen, wie Sie daraus sehen, einen Punkt im Weltenall, wo Sonne und Erde sind, nur nicht zu gleicher Zeit, sondern ungefähr, während die Sonne da ist auf ihrer Bahn (Punkt), also diesen Punkt verlassen hat um ein Viertel ihrer Bahn, fängt die Erde bei ihrer Bewegung an in dem Punkt, den die Sonne verlassen hat. **Wir sind nämlich wirklich im Weltenraume nach einer gewissen Zeit an der Stelle, wo die Sonne war; wir gehen gewissermaßen der Bahn der Sonne nach, kreuzen sie, sind zu einem gewissen Zeitpunkte des Jahres da, wo die Sonne war. Dann geht die Son-**

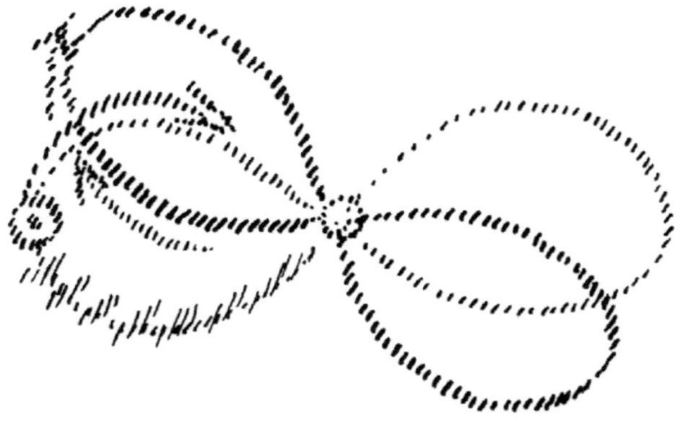

Abbildung 4.7: *In der darauf folgenden Zeichung 4.6 wird eine zweite Lemniskate angedeutet für die Erde. Aus GA 171, zweite Zeichnung. (Siehe auch Seite 84)*

ne weiter: die Erde auch weiter: und nach einiger Zeit ist die Erde wiederum ungefähr an dem Orte, wo die Sonne war. Wir gehen im Räume richtig mit der Erde durch den Ort durch, wo die Sonne war. Wir segeln da durch; aber wir segeln nicht nur durch, sondern die Sonne läßt Folgen ihrer Wirkung zurück im Räume, den sie zu durchmessen hat, so daß in die Spuren, in die gebliebenen Spuren der Sonne, die Erde eintritt und sie kreuzt, sie wirklich kreuzt. Denn der Raum hat lebendigen Inhalt, hat geistigen Inhalt, und in das, was die Sonne bewirkt, tritt die Erde ein und kreuzt es, segelt durch. Sehen Sie, so sieht die Sache geistig aus. Geistig muß man solche Linien zeichnen, wenn man die Bahn von Erde und Sonne ins Auge faßt."

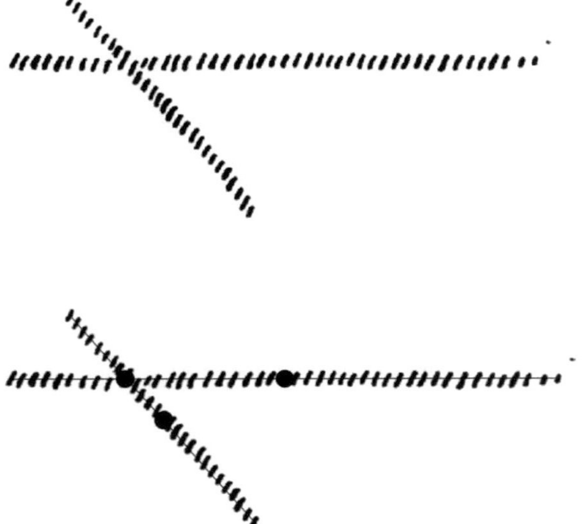

Abbildung 4.8: *Die Bearbeitung der dritten Zeichnung aus GA 171; mehr darüber steht im Text.*

Die letzte Zeichnung (Abbildung 4.8, links) kann dazu dienen, um einiges zu messen: die Längen und der Winkel der beiden Geraden, und die Lage ihrer Mittelpunkte. Dazu sind in Abbildung 4.8, rechts, Hilfslinien und Punkten eingezeichnet. Die horizontale Gerade nennen wir 1, die schiefe 2. Es werden die folgende Ergebnisse verzeichnet:

- Gerade 2 ist $0.55\times$ die Länge von 1
- der Winkel zwischen Geraden 1 und 2 ist -50 Grad
- der Kreuzpunkt schneidet Gerade 1 in Teile von $1:2.3$
- der Kreuzpunkt schneidet Gerade 2 in Teile von $1:3.8$
- diejenige Gerade die läuft vom Zentrum von 1 bis zum Zentrum von 2 hat einen Winkel von 20 Grad.

Diese Zahlen können wir später in der Simulation nützen und vergleichen mit dem dortigen Resultat.

Aus den Angaben von Rudolf Steiner die wir in diesem Vortrag gefunden haben entnehmen wir, dass es sich zunächst um folgendes handeln könnte:

- zwei ähnliche aber unterschiedliche lemniskatische Bahnen für Sonne und Erde
- eine Phasendifferenz von ij in der Position von Sonne und Erde in ihren Lemniskaten
- einen 50 Grad Winkel zwischen den Bahnebenen, aus einer gewissen Perspektive gesehen
- eine räumliche Situation die möglich macht, dass die Erde durch einen Ort geht, wo sich vorher die Sonne befand

4.3 Aus GA 201

Im Jahr 1920 hat Rudolf Steiner eine Vortragsreihe gehalten mit dem Titel *"Entsprechungen zwischen Mikrokosmos und Makrokosmos. Der Mensch eine Hieroglyphe des Weltenalls"* [20]. Die Wandtafelzeichnungen sind erhalten, und auch ausführliche Notizen Rudolf Steiners dazu [27]. Die 16 Vorträge wurden von der Berufsstenografin Helene Finckh stenografiert; das Stenogramm ist erhalten.

In diesen Vorträgen ist sehr viel Astronomisches enthalten, auch in Bezug auf die Lemniskaten; etwa ein Drittel des Inhaltes ist themenbezogen. Hier wird eine Auswahl gezeigt.

> "Nun hat nach den gestrigen Andeutungen Herr Dr. Stein sich die Mühe gegeben, hier ein Modell aufzustellen für die Bewegung, die etwa herauskommt, wenn man den Menschen verfolgt mit der Erde, also mit anderen Worten, für die Bewegung der Erde, rein absolut genommen. Statt daß ich hier (Abbildung 4.9) die Bewegung der Pflanzenkräfte in Spiralen verfolge, komme ich, wenn ich die Bewegung, die der Mensch mit der Erde mitmacht, also die Bewegung der Erde verfolge, komme ich auch auf eine solche Spirale, die aber fortschreitet. Und diese Spirale, sie gibt mir ein Bild der wirklichen Erdenbewegung. Sie gibt mir aber zu gleicher

Zeit ein Bild der Sonnenbewegung. Denn sehen Sie, nehmen Sie an, hier wäre die Erde, da wäre die Sonne (in die Zeichnung werden Stellungen von Sonne und Erde eingezeichnet). Ein Beschauer sieht hier die Sonne in dieser Richtung gehen. **Die Erde schreitet fort, aber genau der Linie hinter der Sonne nach.** So sieht der Beschauer die Sonne in der anderen Richtung, wenn das jetzt die Erde ist. Jetzt geht die Sonne hier weiter, die Erde hier ihr nach; jetzt ist die Sonne hier, die Erde hier. Der Beschauer sieht wiederum die Sonne in der anderen Richtung. Das heißt, indem in dieser Weise die Erde hinter der Sonne herläuft, sieht ein Beschauer das eine Mal die Sonne rechts, das andere Mal sieht er sie links. Das wurde interpretiert dahingehend, daß die Sonne stillsteht und die Erde um die Sonne sich herumbewegt. **In Wahrheit bewegt sich nicht die Erde um die Sonne herum, sondern die Erde läuft hinter der Sonne nach.** Der Beschauer sieht, wenn die Sonne an diesem Punkte der Schraubenlinie angekommen ist, und die Erde dahin gekommen ist, die Sonne rechts; hier sieht er die Sonne links, hier rechts, hier links. Das gibt für den äußeren Anblick, wenn man nicht wahrnimmt

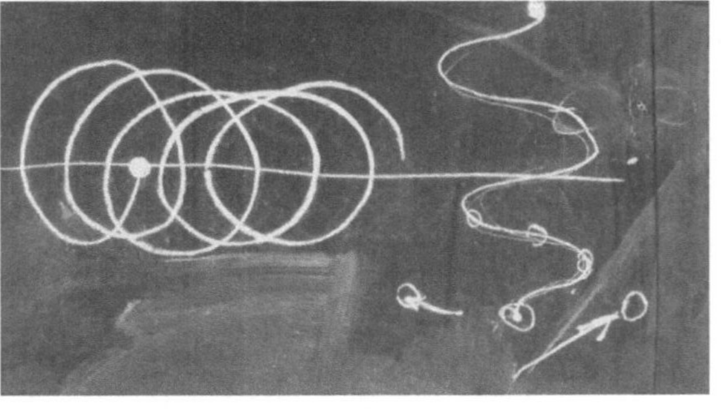

Abbildung 4.9: Verschiedene Skizzen; ein Ausschnitt aus Wandtafelzeichnung 4 aus GA 201.

die eigene Bewegung, gar nichts anderes, als wenn die Erde nicht herumlaufen würde." (GA 201 S.35, dazu Wandtafelzeichnung 4)

"**Wir haben gestern darauf aufmerksam gemacht, daß die Erde mit der Sonne und den anderen Planeten in einer Schraubenlinie vorrückt. Es ist das natürlich auch nur schematisch, denn die Schraubenlinie ist selber gebogen.** Aber darauf kommt es nicht an. Jetzt kommt es darauf an, daß die Erde in einer solchen Schraubenlinie hinter der Sonne herläuft. Daraufhabe ich gestern aufmerksam gemacht." (GA 201 S.43)

"Natürlich, um ein paar Eigenschaften dieses Weltenbildes sich klar zu machen, kann man diese Schraubenlinie zeichnen; ein paar Eigenschaften werden dadurch charakterisiert, aber den wirklichen Tatbestand gibt es nicht. **Denn um ein paar andere Eigenschaften zu charakterisieren, müssen wir die Spirale selber wieder spiralig verlaufen lassen, das heißt, diese Linie hier ist krumm.** Auch dann haben wir noch nicht alles; denn gewisse Tatbestände von der Art, wie sich das Wachsen der einjährigen Zähne verhält zum Wachsen der Sieben-Jahr-Zähne, müssen wir durch ein Verschieben der Linie in sich charakterisieren." (GA 201 S.51)

"...daß wir es zu tun haben mit einer Bewegung der Erde im Jahreslauf, die aber entspricht einer Bewegung der Sonne. Das heißt, daß sich Erde und Sonne miteinander bewegen, nicht daß sich eine um die andere dreht im Jahreslauf. Nur dadurch, daß auf den äußeren Augenschein gesehen worden ist, kam man auf diese Drehung der Erde um die Sonne im Jahreslauf. **In Wirklichkeit hat man es zu tun mit einer Bewegung der beiden Weltenkörper, die im Raume in einem gewissen Zusammenhange der beiden verläuft.** Das ist etwas, was für die Zukunft im Wesentlichen korrigiert werden muß an der

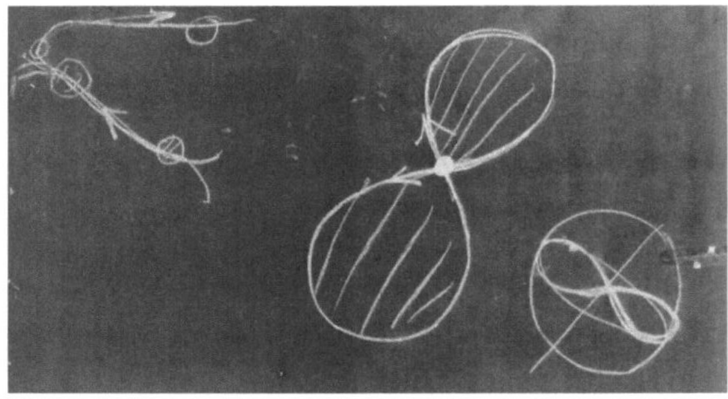

Abbildung 4.10: Skizzen zur Bahn und Orientierung der Lemniskate, Ausschnitt aus Wandtafelzeichnung 12 aus GA 201.

sogenannten kopernikanischen Weltanschauung." (GA 201 S.95, dazu Wandtafelzeichnung 12)

"Sie sehen daraus, daß wir wohl sprechen können von einer täglichen Umdrehung der Erde um ihre Achse, daß wir aber nicht sprechen können von dem, was man gewöhnlich nennt die jährliche Umdrehung der Erde um die Sonne. **Denn die Erde läuft der Sonne hintennach, und beide fuhren dieselben Umschwünge aus.** Daß man von einem Herumdrehen der Erde um die Sonne nicht sprechen sollte, das geht ja noch aus mannigfaltigem anderen hervor. Das geht schon aus dem hervor, daß man - wie ich übrigens schon einmal erwähnte - nötig hatte, einen der Sätze des

Kopernikus einfach zu unterdrücken. Die Sache ist ja so, daß, wenn Sie nur Rücksicht darauf nehmen, daß die Drehungsachse durch ihre Trägheit sich immer parallel bleibt, eigentlich die Erde, indem sie um die Sonne herum geht, zeigen müßte, wie beim Herumgehen diese Erdenachse immer nach anderen Sternen zeigt. Das tut sie nicht. Wenn die Erde sich wirklich um die Sonne herumdrehen würde, so müßte die Erdachse nicht immer nach dem Polarstern zeigen, sondern es müßte der Punkt, nach dem sie zeigt, um den Polarstern sich herumdrehen. Das tut sie nicht, sondern die Achse zeigt immer nach dem Polarstern. Gerade diejenige Linie, die man sehen müßte, und welche entsprechen würde dem Fortschreiten der Erde im Verhältnis zur Sonne, die sieht man nicht. **In einer Art von Schraubenlinie bewegt sich eben die Erde hinter der Sonne nach, bohrt sich gewissermaßen in den Weltenraum ein.**" (GA 201 S.97)

"**Das weist uns darauf hin, daß, wenn wir den Tageskreislauf des Menschen in einer geometrischen Form ausdrücken wollen, wir nicht den Kreis und auch nicht die Ellipse brauchen können.** Denn wenn wir den Schlafzustand dem einen Teil der Ellipse zuschreiben würden, so würden der Zustand des Aufwachens und des Einschlafens auseinanderfallen. Aber sie können nicht auseinanderfallen - wir werden noch sehen, wie sie auch in ihren äußeren Erscheinungen ein Gleiches darstellen. Wir können also durchaus nicht die geometrische Figur, die dem Tageskreislauf des Menschen entsprechen soll, in Kreisform oder in Ellipsenform zeichnen. Wir können sie nur so zeichnen, daß sie eine Schleifenlinie, eine Lemniskate ist. Dadurch allein haben wir die Möglichkeit, wenn wir sagen, der Mensch kommt aus dem Wachzustand in den Schlaf zustand hinein, daß er durch denselben Zustand beim Aufwachen wiederum herauskommt. Und damit haben wir eine Kurve, eine Linie, die dem täglichen Gang des menschlichen Lebens entspricht. Sie finden keine andere Linie des Tageskreislaufes als diese Lemniskate, denn bei jeder anderen Linie würden Sie nicht das Aufwachen durch dasselbe führen, was das Einschlafen war."
(GA 201 S.161, dazu Wandtafelzeichnung 19)

Es ist zu beachten, dass hier die Rede ist nicht von einer jährlichen, sondern von einer täglichen lemniskatischen Bewegung.

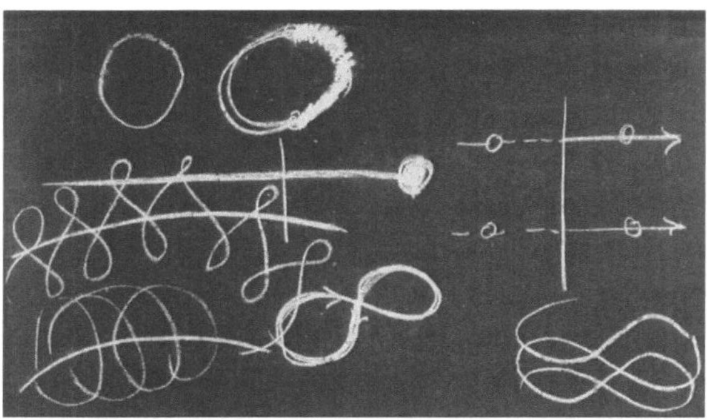

Abbildung 4.11: Diverse Zeichnungen aus Wandtafelzeichnung 19 aus GA 201.

> "So daß wir sagen können in bezug auf die Wechselzustände von Tag und Nacht: Wir schlafen, kommen durch das Erwachen an derselben Stelle wieder heraus, wo wir hineingeschlafen sind, aber wir schreiten in bezug auf die Menschenentwickelung ein wenig vor. In einer anderen Richtung schreiten wir vor. **Daher dürfen wir auch die Linie nicht ganz so zeichnen wie in der Lemniskate, sondern wir müßten sie so zeichnen, daß wir zwar hier wieder herauskommen, aber ein Stück weiter, so daß wir fortschreitende Lemniskaten bekommen. Wenn wir also prüfen auf der einen Seite den Wechselzustand zwischen Wachen und Schlafen und andererseits das Fortentwickeln, so bekommen wir als geometrische Form für das, was mit dem Menschen vor sich geht, eine Schraubenlinie.** Diese Schraubenlinie hängt innig zusammen mit unserer Entwickelung, und unsere Entwickelung hängt wiederum zusammen mit dem ganzen Weltsystem. Daher müssen wir als Grundlage zu den Weltenbewegungen diese selbe Linie suchen." (GA 201 S.162, dazu Wandtafelzeichnung 19)

Hier scheint das Fortschreiten der Lemniskate zu einer Schraubenlinie zu führen.

> "Wir haben nötig, zunächst einmal aus inneren Gründen die Bewegung der Erde lemniskatisch aufzufassen, außerdem als wirkend auf die Bewegung der Erde die Venus- und Merkurkräfte, die die Lemniskate selber wiederum weitertragen, so daß eigentlich die Lemniskate fortschreitet und ihre Achse selber dann wiederum eine Lemniskate wird. **Wir haben eine außerordentlich komplizierte Bewegung für die Erde selber.**" (GA 201 S.172)

In diesen Vorträgen wird das Lemniskatische schon mehr angedeutet, namentlich auch die tägliche Lemniskatenbewegung; für unser Thema, die jährliche Bewegung, können wir entnehmen, dass eine fortschreitende Lemniskate zu einer Schraubenlinie führen könnte.

4.4 Aus GA 323

Im Januar 1921 hat Rudolf Steiner in Stuttgart den zu unserem Thema grundlegenden Kurs gehalten: *"Das Verhältnis der verschiedenen Naturwissenschaftlichen Gebiete zur Astronomie"*, den sogenannten dritten naturwissenschaftlichen Kurs [24].

Alexander Strakosch berichtet über den Kurs [5]:

"Am 1. Januar 1921 begann in Stuttgart der achtzehn Vorträge umfassende Kurs 'Das Verhältnis der verschiedenen naturwissenschaftlichen Gebiete zur Astronomie'. Seine ausgesprochene Absicht war gewesen, besonders die Zusammenhänge von Astronomie und Embryologie darzustellen, daher sollten nur Ärzte, Astronomen, Mathematiker und die Waldorflehrer zugelassen werden. Es war jedoch in Stuttgart in den so stark angewachsenen Kreisen der Anthroposophen bekannt geworden, daß Rudolf Steiner eine lange Reihe von Vorträgen zu halten beabsichtige. Die mit den Vorbereitungen betrauten Persönlichkeiten hatten einen schweren Stand gegenüber den vielen, denen der Gedanke unerträglich schien, daß sie nicht dabei sein sollten. Zuerst sah man sich genötigt, um nicht zu großen Unwillen hervorzurufen, bezüglich der Anforderungen an Vorbildung etwas nachsichtig zu sein, aber nun ging es erst recht los: 'ja, wenn der oder jener dabei sein darf, dann habe ich den gleichen Anspruch.' Schließlich war eine gar stattliche Hörerschar erwartungsvoll versammelt, aber mit ganz anderen Voraussetzungen, als es Rudolf Steiner eigentlich erwartet hatte. Selbstverständlich musste ihm von dieser Tatsache gleich bei seiner Ankunft Mitteilung gemacht werden. Er war alles andere als erfreut und konnte nun nicht das aussprechen, was er vorhatte. Wenn er auch oft von seinen Hörern viel verlangte, so sprach er doch nie über deren Auffassungskraft hinaus. Trotzdem ist der Inhalt dieser Vorträge ein solcher, dass auf lange Zeit hinaus die Fachleute überreich mit neuen Ausblicken und Aufgaben versehen sind."

Schon zu Lebzeiten Rudolf Steiners haben die Vorträge so eindrücklich gewirkt, so dass zum Beispiel schon kurz darauf über diesen Kurs ein Buch von Wilhelm Kaiser erschienen ist [3]. Elisabeth Vreede hat Rudolf Steiner gefragt ob es veröffentlicht werden kann, und dieses hat er bejaht. Das Buch wurde mit einem Vorwort von Elisabeth Vreede gedruckt.

Die hier wiedergegebenen Zitate sind aus der Ausgabe von 1997, basierend auf der Nachschrift von Hedda Hummel. Es gibt kein Originalstenogramm mehr und auch keine Wandtafelzeichnungen - die Zeichnungen zu den Zitaten sind nachgezeichnet aus der Nachschrift. Berücksichtigt bei der Buchausgabe sind Notizen von Karl Schubert und Eugen Kolisko (stenographisch, wahrscheinlich auch mit Zeichnungen). Der erste Druck war numeriertes Arbeitsmaterial, während die jetzige Ausgabe mit Hinweisen ausgestattet ist. Für unser Thema sind insgesamt ungefähr 200

Seiten relevant, namentlich in den Vorträgen 9-18, Seite 163-337 und in den Hinweisen. Es sind auch ausführliche Notizen Rudolf Steiners erhalten, in den Beiträgen zur Gesamtausgabe [28] (S.25-83). Bei den nachfolgenden ausgewählten Zitaten sind die Seitenzahlen ausnahmsweise vorne angegeben.

4.4.1 Aus Vorträgen 9 und 11

165 und folgende:

- Einführung der mathematischen Cassinikurve

- zwischen den Cassini-Asten, die das Haupt- und Stoffwechselgebiet repräsentieren, muss man mit der Vorstellung aus dem Raum gehen, siehe auch Vortrag 15

- über die gleich bleibende Glanzstärke

- die Verbindung von Empirie und Geisteswissenschaft

- **die Cassinische Kurve mit veränderlichen Konstanten**.

209 Wie die offene Lemniskate durch Variation der Konstanten Entsprechungen findet in der menschlichen Form.

213 " Wenn man gewissermaßen dieses Prinzip der innerlichen Beweglichkeit des Beweglichen selbst anwendet auf die Natur und versucht, dieses Bewegende des Beweglichen in Gleichungen hineinzubringen, so ist es möglich, mathematisch hineinzukommen in das Organische selber."

216 "Und jetzt eröffnet sich uns in einer gewissen Weise ein Ausblick, wie wir die Schleife zu deuten haben: Wir sind ja als Menschen gewissermaßen zusammen mit der Erde. Wir befinden uns an irgendeinem Punkte der Erde. Wir bewegen uns mit der Erde. Dasjenige, was sich uns nun als Projektion am Himmelsgewölbe zeigt, das müssen wir zurückführen auf diejenigen Bewegungen, die wir mit der Erde selber ausführen. Denn indem wir mit der Erde selber Bewegungen ausführen, wiederum zurück projiziert auf unser Embryonalleben, unsere Embryonalzeit, entsteht dasjenige, was in uns ist, was ja durch die Bewegungskräfte sich bildet."

216 "**Sie müssen sich das in allen Einzelheiten überlegen, was ich ausgesprochen habe, und müssen versuchen, die Dinge zusammenzuhalten. Je minuziöser und je genauer Sie sie zusammenhalten, desto mehr werden Sie finden, daß sich Ihnen das ergibt, daß Sie in den planetarischen Bewegungen zunächst Abbilder haben - wir werden sehen, wie sich dann die einzelnen planetarischen Be-**

wegungen zusammenfügen -, Abbilder derjenigen Bewegungen, die Sie mit der Erde zusammen im Jahreslauf ausführen. Wir dürfen also, wenn wir in dieser Weise den totalen Menschen zusammenfassen, seine Projektion zum Kosmos ins Auge fassen, und dürfen als die Form der Bewegung der Erde im Jahreslauf dann die Schleifenlinie oder Lemniskate ansehen. Wir müssen das natürlich in den nächsten Tagen genauer studieren, aber wir sind zunächst dahin geführt, die Bahn der Erde selber, ganz abgesehen von irgendwelchen Beziehungen jetzt zur Sonne oder zu etwas anderem, aufzufassen als eine Schleifenlinie, und dasjenige, was sich uns in den Planetenbahnen mit ihren Schleifen projiziert, haben wir aufzufassen eben als die Projektion der Erdenschleifenbahn durch die Planeten hinaus in das Himmelsgewölbe, wenn man einen komplizierten Tatbestand so einfach ausdrücken darf."

Hier ist es wichtig folgendes festzuhalten: allem was wir konkret am Himmel an Planetenbewegungen sehen, liegt die lemniskatische Form der Bahn der Erde selber zugrunde.

4.4.2 Aus Vorträgen 12 und 14 bis 16

221 "Sie sehen, wenn wir uns hineinfinden in die Möglichkeit, anschaulich zu verfolgen die in sich bewegliche Lemniskate, und wenn wir das Bildungsprinzip dieser in sich beweglichen Lemniskate uns kombiniert denken mit denjenigen Kräften, die entweder sphäroidal sind oder in bezug auf die Erdenmitte radial sind, so haben wir damit ein System von Kräften gegeben, das wir zugrunde liegend denken können - Sie brauchen sich bei "Kräften" nicht irgend etwas Hypothetisches zu denken, sondern lediglich dasjenige, was in der Formung drinnen sich ausspricht -, das wir aber zugrunde liegend denken können der ganzen Formung, der ganzen Gestaltung des menschlichen Organismus."

226 "Aber wenn Sie die angedeuteten morphologischen, qualitativ morphologischen Darstellungen ernsthaft ins Auge fassen, so werden Sie es der menschlichen Bildung anmerken, daß wir es zu tun haben mit einem Nachfolgen der Erde gegenüber der Sonne, gewissermaßen mit einem Vorauseilen der Sonne und einem Nachfolgen der Erde. Es muß sich also darum handeln, daß Erdenbahn und Sonnenbahn in einer gewissen Art zusam-

menfallen, daß die Erde in einer gewissen Weise der Sonne nachfolgt, so daß es möglich ist, **daß die Radien der Erde bei der Drehung der Erde in die Sonnenbahn hineinfallen, oder wenigstens in einer bestimmten Beziehung zu ihr stehen**."

226 "...daß die Erde jedenfalls in keiner Weise eine Drehung um die Sonne ausführen kann, daß also dasjenige, was man mit vollem Recht sorgfältig herausrechnet als **die Drehung der Erde um die Sonne, ganz gewiß die Resultierende sein muß von irgendwelchen anderen Bewegungen**."

227 "Sie wissen ja, daß die gewöhnliche Astronomie zu Hilfe nehmen muß, um alle Erscheinungen zu erklären, außer dem Stillestehen der Sonne in einem bestimmten Punkt, der der Brennpunkt einer Ellipse sein soll, in der sich die Erde bewegt, auch noch eine Bewegung der Sonne nach einem bestimmten Sternbilde hin. Wenn Sie sich entsprechende Vorstellungen machen über die Richtung dieser Bewegung, dann werden Sie schon unter Umständen aus Sonnenbewegung und Erdenbewegung, wie sie da konstruiert werden, wiederum eine resultierende Bahn erhalten für die Erdenbewegung, die nicht zusammenfällt mit der gedachten Ellipse, in der sich die Erde um die Sonne dreht, sondern die eine andere Gestalt hat, die also durchaus nicht braucht so zu sein (Ellipse)."

227 "Es ist sogar möglich, wenn Sie die hypothetische Geschwindigkeit ins Auge fassen, die ausgerechnet ist für die Sonnenbahn, daß Sie ein sehr nettes rechnerisches Resultat herausbekommen, daß Ihnen die Bildung der Resultierenden aus der angenommenen Erdenbewegung und der angenommenen Sonnenbewegung allerdings eine resultierende Bewegung gibt, sogar mit einer entsprechenden Geschwindigkeit, **die sich in die heutige Astronomie einordnen läßt**."

285 "Denn eine Anschauung unseres Himmelskörpersystems läßt sich nur gewinnen, wenn man imstande ist, insofern man Bewegungsformen Kurven nennt, erstens Kurvenformen zu bestimmen, also das Figurale, und dann die Zentren der Beobachtung zu bestimmen. **Die größten Fehler, die im Wissenschaftsleben gemacht werden, die bestehen darin, daß man versucht, Zusammenfassungen zu machen, bevor man die Bedingungen dieses Zusammenfassens**

wirklich hergestellt hat."

288 "Dieses Kriterium der wirklichen Bewegungen kann sich nur dadurch ergeben, daß man die inneren Verhältnisse des Bewegten ins Auge faßt. Es kann sich niemals darauf beschränken, bloß die äußeren Beziehungen der Orte ins Auge zu fassen."

300 "Heute möchte ich nur noch erwähnen, daß es ja auch noch die Möglichkeit gibt gerade für die Mathematiker, aus dem Mathematischen heraus schon Übergänge zu finden zu einer qualitativen Betrachtung, zu einer qualitativen Mathematik. Und diese Möglichkeit ist sogar in unserem Zeitalter in ganz intensiver Weise vorhanden, indem man einfach versucht, die analytische Geometrie und ihre Ergebnisse im Zusammenhang zu betrachten mit synthetischer Geometrie, mit innerem Erleben der projektiven Geometrie. Das liefert einen Anfang zwar, aber einen sehr, sehr guten Anfang."

In diesen Vorträgen finden wir unter anderem betont, dass die durch die Anthroposophie aufgefundenen wahren Bewegungen der Erde eine Resultierende bilden, die sich der heutigen Astronomie einordnen lässt.

4.4.3 Aus Vortrag 17

302 "**Es handelt sich darum, daß Sie sich vorzustellen haben, daß zu gleicher Zeit die Fläche, in der ich die Lemniskate zeichne, um die Achse der Lemniskate, um die Verbindungslinie der zwei Brennpunkte, oder wie Sie es nennen wollen, sich dreht.** Dann muß ich natürlich in den Raum hinein die Lemniskate zeichnen. Das (Abbildung 4.12) ist die Projektion. Und mit dieser räumlichen Zeichnung der Lemniskate hat man es zu tun, wenn man all die Dinge berücksichtigt, die ich gesagt habe, wenn man also das Knochensystem und Nervensystem verfolgt sogar die Blutzirkulation kann man verfolgen. Das alles ist nicht auf der Ebene, sondern im Raum zu denken. Daher ist zwar diese Achterfigur der Lemniskate durchaus berechtigt, aber ich habe ja schon angedeutet, daß man es hier eigentlich mit Rotationskörpern zu tun hat. Das also liegt auch dem zugrunde, was ich eben ausgeführt habe dadurch, daß ich sagte: Es sind in einer gewissen Weise die Organisationsgestaltungen in dem Nerven-Sinnessystem und in dem Stoffwechsel - Gliedmaßensystem eben nach dem Prinzip einer solchen Rotations-Lemniskate einan-

Abbildung 4.12: Die lemniskatische Bahn, inklusive Überkreuzung; aus GA 323, Seite 302

der zugeordnet.”

An dieser Stelle findet sich ein wichtiger Hinweis auf rotierende Lemniskaten; die Rotationsachse ist in diesem Beispiel, das sich bezieht auf die Form der menschlichen Röhrenknochen, die lange Symmetrieachse der Lemniskate.

303 ”So daß wir also eigentlich im Vergleich des Stoffwechsels für Schlafen und Wachen eine Art Reagens haben für die Bewegungsverhältnisse von Erde und Sonne.”

305 ”Nun, auf diese Weise kommen wir dazu, uns vorstellen zu müssen, daß in einer gewissen Weise eigentlich **Erde und Sonne sich in derselben Bahn und doch wiederum einander entgegengesetzt bewegen**.”

306 ”**Sie brauchen nur diese Kurve so vorzustellen, daß sie so verläuft,**

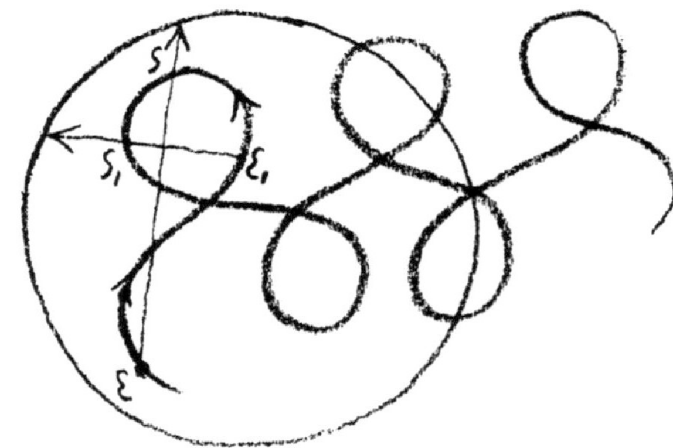

Abbildung 4.13: Diese Zeichnung zeigt, wie die Visierlinien von der Erde zur Sonne sich ändern in einer fortschreitenden lemniskatischen Bahn; aus GA 323, Seite 307

daß sie eine Rotationslemniskate ist, die aber zu gleicher Zeit im Raum fortschreitet (Abbildung 4.13). Stellen Sie sich dann vor, an irgendeinem Punkte dieser lemniskatischen Schraubenlinie sei die Erde, an einem anderen Punkte sei die Sonne, und die Erde bewege sich der Sonne nach.”

306 ”Sie bekommen keine Möglichkeit, dasjenige vorzustellen, was nun wirklich zugrunde liegt nach den Kriterien, die gelten können als Bewegungen sowohl der Erde als der Sonne, Sie

> bekommen keine andere Möglichkeit, als sich das alles aus dem heraus vorzustellen, **daß Erde und Sonne sich in einer lemniskatischen Schraubenlinie bewegen**, einander nachfolgen, und daß dasjenige, was sich nun in den Raum projiziert, dadurch entsteht."

> 307 "Sie bekommen die scheinbaren Orte mit alle dem, was dabei zu berücksichtigen ist, durchaus als Projektion desjenigen, was sich ergibt, wenn sich Erde und Sonne aneinander vorbeibewegen. Sie müssen nur, wenn Sie diese Rechnung stimmend finden wollen, alle die verschiedenen Korrekturen, zum Beispiel die Besselschen Gleichungen und dergleichen, einbeziehen, Sie müssen in die Orte alles das einbeziehen, was wirklich da ist."

> 309 "**Wir haben zu zeichnen die Bahn der Erde so, daß sie gewissermaßen hinstrebt nach dem Orte, den früher die Sonne gehabt hat, und wiederum die Sonne nach dem Ort, den früher die Erde gehabt hat.** Wir bekommen auf diese Weise die Hälfte der Lemniskate heraus: Erde, Sonne, Erde, Sonne; wenn die herumgegangen ist, dann geht es weiter (Abbildung 4.14). Sie sehen, sie bewegen sich aneinander vorbei. So daß wir die wirkliche Bahn von Erde und Sonne bekommen, wenn wir uns abwechselnd denken die Erde einmal so, daß sie an der Stelle steht, wo wir sonst gewohnt sind, die Sonne hinzuzeichnen, und dafür dann die Sonne dorthin zeichnen müssen, wo wir sonst gewohnt sind, die Erde hinzuzeichnen. In der Tat bekommen wir das, was Bewegungsverhältnis von Erde und Sonne ist, nicht, wenn wir die eine oder die andere als ruhend annehmen, sondern wenn wir beide in einer Bewegung denken, wodurch die eine der anderen nachfolgt, aber zu gleicher Zeit sie aneinander vorbeigehen. So daß wir uns vorstellen müssen: Perspektivisch gesehen ist abwechselnd die Sonne im Mittelpunkt unseres Planetensystems, und dann wiederum ist eigentlich die Erde an der Stelle, wo sonst die Sonne ist. Sie wechseln gewissermaßen ab."

Dies ist wie eine Zusammenfassung von den Aussagen über die Schraubbewegung, über die Nachfolge der Erde der Sonne nach und über ihre räumliche Beziehungen zueinander.

> 310 "Es ist tatsächlich so, als ob in bezug auf die Planeten Erde und Sonne ihre Orte wechseln würden in bezug auf den Mittelpunkt."

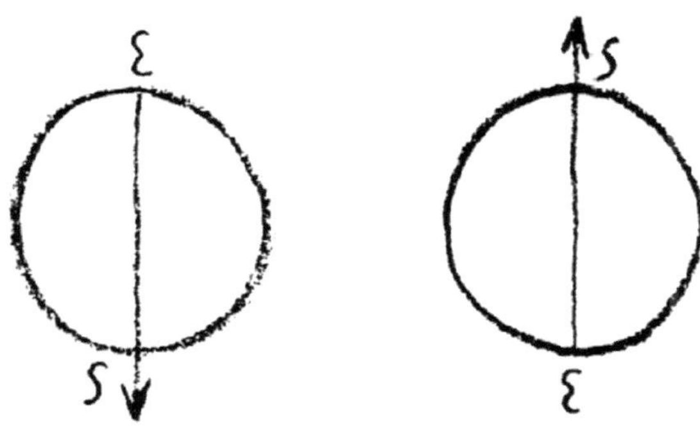

Abbildung 4.14: Wie die Sonne (S) und die Erde (E) in einer Kreisbahn die Orte wechseln; aus GA 323, Seite 309

Dies ist eine Aussage, die sich zwar auf die Planeten bezieht - und die Planeten berücksichtigen wir in dieser Arbeit noch nicht - die aber trotzdem wichtig sein kann für Erde und Sonne.

> 310 "Sie sehen dadurch auch eine Möglichkeit, mit der Gravitation eine vernünftige Vorstellung zu verbinden. Sie liegt zugrunde dem Prinzip des Nachziehens. Und wenn Sie die Sache so vorstellen, so brauchen Sie nicht die etwas fragliche Zweiheit von Gravitationskraft und Tangentialkraft, denn die sind hier auf eine Kraft reduziert, wenn Sie sich die Sache ordentlich durchdenken. Es ist ja ohnedies, nicht wahr, eine etwas problematische Vorstellung, daß man sich denken soll die Sonne im Mittelpunkt und darum herum die Planeten, durch welche so ein Schubs in der Tangentenrichtung geht, wie ja das doch eigentlich vorausgesetzt werden muß, wenn man den Newtonianismus festhalten will."

Hier wird von Rudolf Steiner kurz angedeutet wie man die Kräfte zu denken hat, die die lemniskatischen Bewegungen bewirken.

In Vortrag 17 wird vieles konkret dargestellt, was vorher mehr angedeutet war. Der ganze Vortrag, nicht nur die erwähnten Zitate, ist Studienmaterial für das Thema dieser Arbeit.

4.4.4 Aus Vortrag 18

> 319 "Wir müßen uns also die Sonne gewissermaßen vorstellen wie eine Aushöhlung der, sagen wir, Weltenmaterie, wie einen Hohlraum, eine Hohlkugel, die von Materie umhüllt wird; im Gegensatz zur Erde, die dichte Materie darstellt und von dünnerer Materie umhüllt wird. Nun, negative Materie ist gegenüber der positiven Materie saugend. **Wenn Sie sich aber vorstellen, daß die Sonne eine Ansammlung von Saugekraft ist, dann brauchen Sie gar nicht weiter irgendeine Erklärung der Gravitation als nur diese, denn**

das ist schon die Erklärung der Gravitation."

320 "Voran die Sonne als Ansammlung von Saugekraft und durch diese Saugekraft die Erde im Weltenraum in derselben Bahnrichtung nachgezogen, in der die Sonne selber im Weltenraum sich vorschiebt. Sie durchschauen auf diese Weise dasjenige, was Sie sonst nicht innerlich mit Vorstellungen begleiten können. Sie werden niemals irgendwie zurechtkommen mit einer Vorstellung, die zusammenhält die Erscheinungen, wenn Sie nicht solche Vorstellungen zugrunde legen, wenn Sie nicht wirklich in der Materie sich eine positive und eine negative Intensität denken, so daß die Materie selber als Erdenmaterie positiv ist, als Intensität positiv ist, während die Sonnenmaterie als Intensität negativ ist, also gegenüber dem erfüllten Raum nicht nur ein leerer Raum ist, sondern eine Raumaussparung, weniger als ein leerer Raum."

Auch hier zwei Andeutungen zu den Kräften die zur Formung der Lemniskaten führen.

322 "Denn dasjenige, was da im Menschen von oben nach unten wirkt, es kann sich ja in der verschiedensten Weise auseinanderlegen. Wenn wir

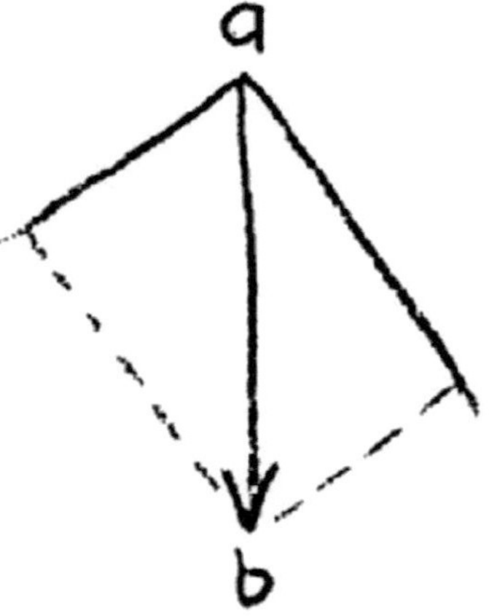

Abbildung 4.15: Wie zwei Kraftrichtungen zu einer Resultierenden $a - b$ zusammenwirken; aus GA 323, Seite 322

eine Kraft haben, die in der Richtung a - b wirkt, so können wir sie nicht nur in dieser Richtung verfolgen. Wir können sie auch verfolgen imaginär. Wenn sie diese Stärke hat, brauchen wir uns nur diese Kraft zerlegt zu denken in zwei Komponenten (Abbildung 4.15). **Wir können also überall Komponenten der Kräfte bilden, die eigentlich in der Richtung der Erden-Sonnenbahn liegen.**"

325 "Und auch, wenn ich diese Linien hier zeichne, so müßte ich eigent-

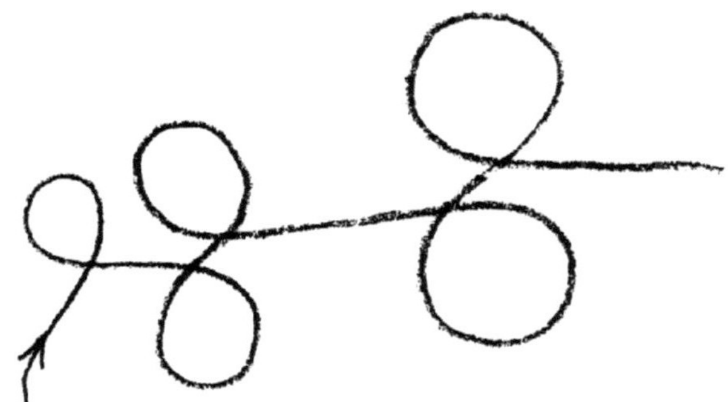

Abbildung 4.16: Eine fortschreitende Lemniskate; aus GA 323, Seite 326

lich sagen: Ja schön, ich zeichne also einmal für irgendeinen Himmelskörper eine Bahn hin - wir haben gestern gesehen, es wird immer eine lemniskatische Bahn sein. Ja, aber nach einiger Zeit kommt für mich die Notwendigkeit, diese Zeichnung nicht mehr gelten zu lassen, sondern die Lemniskate etwas breiter zu machen, und ich muß dann solch eine Lemniskate zeichnen und so weiter (Abbildung 4.16). Das heißt, wenn ich anfangen würde, den Bahnen der Himmelskörper nachzufahren, so müßte ich eigentlich mich hineinstellen ins Weltenall und immerfort die Bahn verfolgen, immerfort variieren."

335 "Ja nun, meine lieben Freunde, wenn es so wäre, daß zur Auffindung gewisser Dinge eben Imagination, Inspiration und Intuition nötig wären? Wie soll man denn herumkommen um die Imagination, Inspiration und Intuition, wenn einfach der gewöhnlichen, gegenständlichen, intellektualistischen Erfahrung sich eben die Wahrheit nicht ergibt, die Wirklichkeit nicht ergibt? Was soll man denn anders tun, als zu den Erkenntnissen der Imagination, Inspiration und Intuition zu gehen?"

335 "**Es ist durchaus eine Frage des innerlich seelischen Mutes.** Und diesen innerlich seelischen Mut, man braucht ihn zum heutigen Forschen."

In diesem letzten Vortrag des Kurses finden wir Andeutungen in verschiedene Richtungen, die zwar grundlegend, aber nicht mehr weiterführend sind.

4.5 Andere Angaben

In [7] sind Notizen wiedergegeben, die sich auf einem Gespräch zwischen Rudolf Steiner und Elisabeth Vreede über die lemniskatischen Planetenbewegungen beziehen. Dazu gibt es auch Zeichnungen (Abbildungen 4.17 und 4.18). Im nächsten Abschnitt findet sich ein Auszug aus diesen Notizen.

> "Die Sache ist nicht in der Ebene, sondern im Raume zu gestalten ... Die Erdachse macht im Jahr eine Lemniskate als Ausgleich zur Sonnen - Erde - Lemniskate ... Es geht um ein schraubiges räumliches Forstschreiten der Ausgangslemniskate ... Zur Frage, wieso bei lemniskatischer Bewegung von Erde und Sonne als Resultat die Ellipse als Bahnform erscheinen kann, schrieb Rudolf Steiner als Aufgabe auf: Welche Bewegung legt ein fixer Punkt einer Cassinischen Kurve zurück, wenn der Mittelpunkt in der Achse einer Spirallinie fortschreitet. Ellipse."

Zusammenfassend können wir sagen:

Die frühen Ausführungen beschreiben ein Nachlaufen, eine Spirale, ein Umeinanderdrehen; spätere Beschreibungen geben Lemniskaten. Diese und andere Aussagen müssen berücksichtigt werden beim Erarbeiten und Verstehen der lemniskatischen Bewegung der Bahnen der Sonne und der Erde. Es ist das Bestreben, allen Angaben Rudolf Steiners gerecht zu werden.

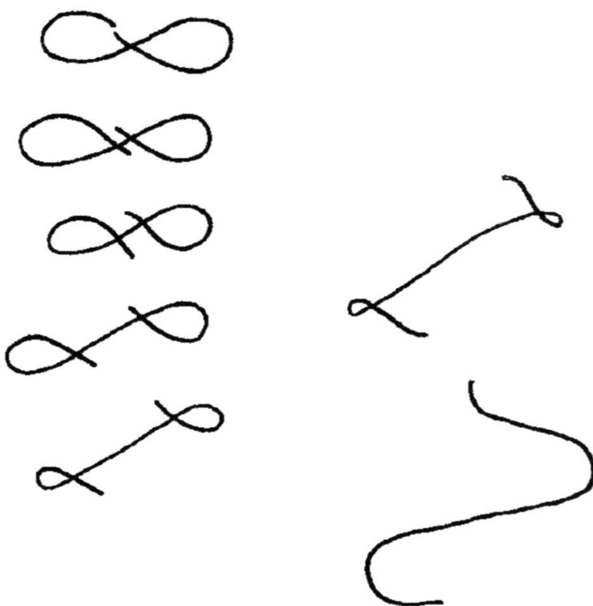

Abbildung 4.17: Skizze einer immer weiter auseinder gehenden Lemniskate; nach Elisabeth Vreede, Zeichnung 1

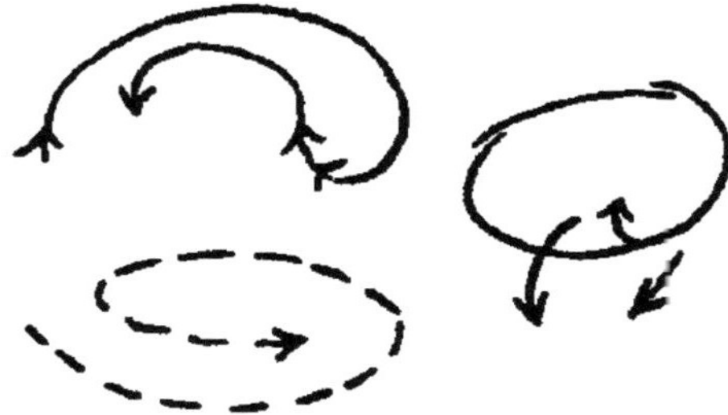

Abbildung 4.18: Zu Andeutungen von Rudolf Steiner über die Lemniskaten (siehe Text); nach Elisabeth Vreede, Zeichnung 2

Kapitel 5

Was ist eine Lemniskate?

Zu den Beschreibungen die jetzt folgen finden sich in Kapitel 7 Ausführungen, die einen mehr mathematischen Charakter haben.

5.1 Ur-Lemniskate

Nachdem wir die beiden Darstellungen der Natur- und der Geisteswissenschaft zur Kenntnis genommen haben, geht es jetzt darum, eine Brücke zu bauen die die beide verbinden kann.

Als Vorbereitung dazu wird erst auf die Eigenschaften der Lemniskate eingegangen. Rudolf Steiner hat erforscht und uns vermittelt, dass es gerade diese Linie ist die so vielen Bewegungen in unserem Kosmos die zugrunde liegt. Von Ihm stammt die Aussage:

> "Die heilige Linie in der Welt, die Lemniskate" ([11], Seite 61).

Um die ersten Überlieferungen zur Lemniskatenforschung zu finden, müssen wir weit in der Geschichte zurückgehen. Schon Plato hat angeblich dem griechischen Astronomen Eudoxos die Anregung gegeben, die Planetenbahnen die am Himmel zu sehen sind, mit Hilfe einer Himmelskugel, die zwei Drehungen gleichzeitig ausführt, zu beschreiben. Wir wissen von dieser Idee hauptsächlich durch die Schriften von Aristoteles [1]. Dieser drückt es so aus:

> "Eudoxos nun nahm an, daß die Bewegung der Sonne und des Mondes in je drei Sphären geschehe; die erste davon sei die Sphäre der Fixsterne, die zweite habe ihre Richtung mitten durch den Tierkreis, die dritte gehe in schräger Richtung durch die Breite des Tierkreises, schräger aber durchschneide den Tierkreis die Sphäre, in welcher der Mond, als die, in welcher die Sonne sich bewegt.
>
> Jeder der Planeten bewege sich in vier Sphären; unter diesen sei die erste und zweite mit den entsprechenden von Sonne und Mond einerlei, weil sowohl die Sphäre der Fixsterne alle in Bewegung

setze, als auch die ihr untergeordnete, in der Richtung der Mittellinie des Tierkreises bewegte allen gemeinsam sei; für die dritte lägen die Pole bei allen Planeten in dem durch die Mittellinie des Tierkreises gelegten Kreise; die vierte Sphäre bewege sich nach der Richtung eines gegen die Mitte der dritten Sphäre schiefen Kreises.

Für die dritte Sphäre hätten von den übrigen Planeten jeder seine eigenen Pole, Venus und Merkur aber dieselben."

Man kann aus diesem anfänglich nicht leicht zu verstehenden Text, zuerst nur zwei der Drehungen, die darin beschrieben werden, herausnehmen: die eine Drehung der Sphäre geht von Pol zu Pol, die andere dreht um die Achse zwischen den Polen. Diese Situation einer Sphäre mit zwei Drehachsen ist dargestellt in Abbildung 5.1.

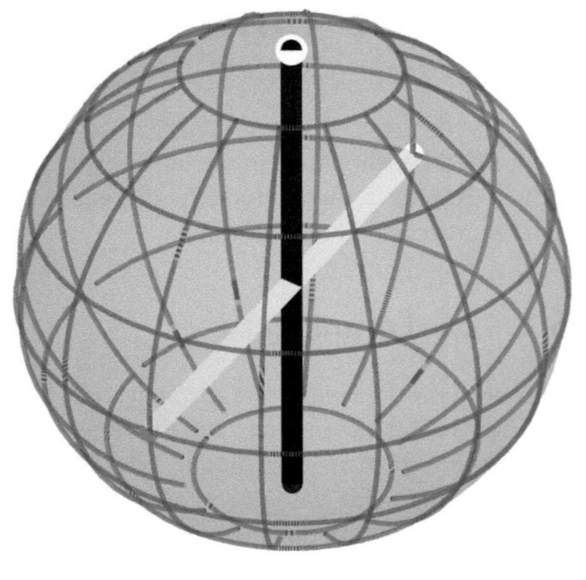

Abbildung 5.1: *Die Sphäre, die Drehachsen und der Anfangspunkt.*

Wir schauen hier vorerst nicht wie Eudoxos auf die Bewegungen der Planeten, sondern nehmen einfach einen Punkt auf der Sphäre und wenden diese doppelte Drehung an.

Es stellt sich heraus, dass ein Punkt, der oben am Pol beginnt, durch die Wirkung beider Drehungen der Sphäre eine Lemniskate beschreibt (Abbildung 5.2).

Nun ist folgendes interessant: als man Rudolf Steiner nach der Entstehung der Lemniskaten in der Welt überhaupt gefragt hat, hat er eine ähnliche Bewegung beschrieben. Er hat angegeben, dass auf dem alten Saturn Wärmeströmungen von der einen etwas wärmeren zum anderen etwas

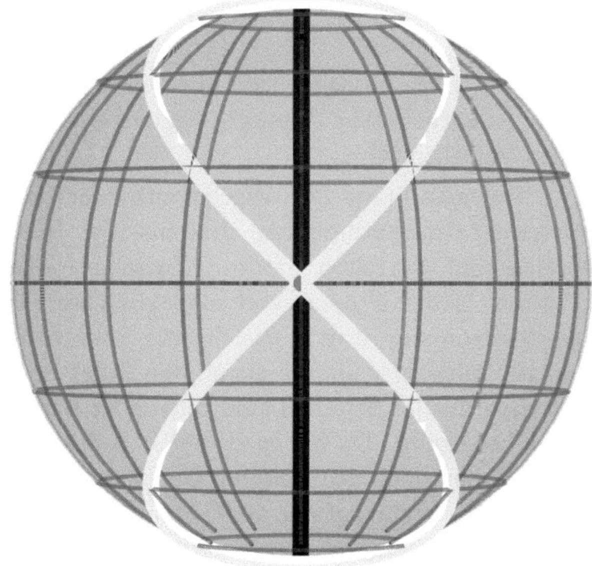

Abbildung 5.2: *Das Resultat der Drehung um die beiden Achsen; der Anfangspunkt hat einen Weg zurückgelegt der eine Lemniskate auf einer Sphäre beschreibt.*

kälteren Pol entstehen. Gleichzeitig dreht sich die Kugel um die Achse zwischen den Polen. Man könnte hier eigentlich von einer Ur-Lemniskate sprechen. Zu beachten ist, dass dies nicht eine flache Lemniskate ist, die sich in einer Ebene befindet, sondern eine sphärische Lemniskate auf einer Kugelfläche.

Solche Gespräche mit Rudolf Steiner beschreibt Günther Wachsmuth in [8] (Seite 482):

"Es wurde bereits geschildert, wie in Dornach seit einiger Zeit durch die Begründung des biologischen Forschungslaboratoriums ein lebhaftes Forschen und Experimentieren auf dem Gebiete der Bildekräftelehre, der Pflanzenzucht, im Ergründen der feinen Reaktionsfähigkeiten der lebenden Organismen und der gelösten und sich kristallisierenden Stoffe durchgeführt wurde, wobei Rudolf Steiner ständig durch Rat und Hilfe anregend, korrigierend und richtungweisend mitwirkte. Ich hatte mit den Mitarbeitern zur Ergänzung dieser praktischen Arbeit auch einen naturwissenschaftlichen Ausspracheabend eingerichtet, der allwöchentlich in kleinerem Kreise im sogenannten 'alten Baubureau' abgehalten wurde, an dem meist auch Rudolf Steiner persönlich teilnahm und uns durch Fragebeantwortung weiterhalf. Man saß im Halbkreis um eine Wandtafel herum, brachte seine Probleme, Schwierigkeiten, Erfahrungen und Gedanken vor und erhielt nun in dieser offenen und zwanglosen Aussprache von ihm Korrektur und Impuls zur Weiterarbeit. In diesem kleinen, primitiven Holzraum sind an diesen Abenden von ihm viele wichtige Resultate geistiger Forschung im lebendigen Wechselgespräch geschenkt worden. Hier wurden die Elemente einer Bildekräftelehre, Versuchsanordnungen chemischer, physikalischer, geologischer und pflanzenkundlicher Art, aber auch allgemeine Erkenntnisfragen der Kosmogonie besprochen und geklärt. So kam man, um ein konkretes Beispiel zu geben, einmal auf die erste Entstehung der Bewegungsformen im Kosmos zu sprechen, und ich fragte in diesem Zusammenhänge Rudolf Steiner, wie wohl die erstmalige Entstehung der von ihm oft angeführten Lemniskatenbewegung zu erklären sei. Er ging dann in anschaulicher Art auf die Uranfänge des Kosmos, den sogenannten Saturnzustand, ein und schilderte, wie die erste Bewegung im Kosmos durch den rotierenden Ausgleich von gewaltigen Kälte- und Wärmekörpern entstand, wie dann das ganze kosmische System sich noch um eine andere Achse zu bewegen begann und durch die Kombination solcher Bewegungen des Systems um verschiedene Achsen und im Innern die lemniskatische Bewegung sich herausbildete. (Siehe hierzu auch Günther Wachsmuth 'Die Entwicklung der Erde', Kapitel 2; einige der Zeichnungen daraus sind gegeben in Abbildung 5.3) In lebendiger Weise begleitete er diese Darstellungen mit Handbewegungen oder Zeichnungen an der Tafel und ließ uns so immer tiefer in die Urgesetze des kosmischen Werdens eindringen. Diese Dienstagabende mit ihren lebensvollen und inhaltsreichen Aussprachen bleiben unvergesslich und haben uns viel auf den Lebensweg und für die praktische Arbeit in Laboratorium und Landwirtschaft mitgegeben."

Dazu gibt Günther Wachsmuth in [9] in Abbildungen an, wie man von der dreidimensionalen Kugelform zu der zweidimensionalen Scheibenform, in der sich unser Sonnensystem befindet, kommen kann; siehe Abbildung 5.3.

Konkretere Aussagen sind überliefert von Joachim Schultz, dessen Aussagen werden zitiert von Suso Vetter in [4]:

"Auf eine Frage Dr. Wachsmuths nach dem Ursprung des rhythmischen Systems wies Rudolf Steiner auf den alten Saturn. Zwischen dessen Wärme- und Kältepol fand eine zirkulare Ausgleichsströmung statt. Gleichzeitig rotierte der ganze Weltkörper um die erwähnten Pole. So ergab sich für das Strömen eine sphärische Lemniskatenbewegung. Da hat man die Ur-Lemniskate. - Frägt man nach den weiteren Urbewegungen im Kosmos, so steht auf der alten Sonne im Vordergrund die Bewegung von Zusammenziehen und Ausdehnen; es liegt darin ein radiales Prinzip. Bei der dritten Evolutionsstufe beginnt das Kreisen von Weltkörpern umeinander, des alten Mondes um die damalige Sonne. Für die eigentliche Erdenentwicklung ist der Prozess der Sonnen-Erden-Trennung ins Auge zu fassen und dann die gegenseitigen Bewegungsverhältnisse von geozentrischer Sonnensphäre und heliozentrischer Erdensphäre."

Im Weiteren wird danach noch gesprochen, bezüglich weiteren Entwicklungsformen, vom Vari-

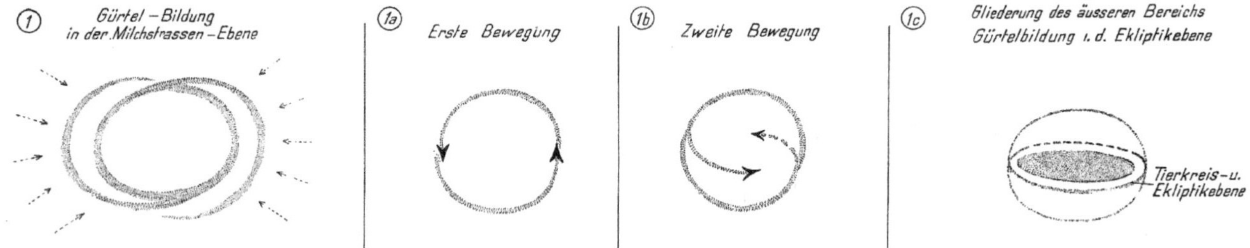

Abbildung 5.3: *Aus einem Buch von Günther Wachsmuth.*

ieren des Radius; bei der Simulation solcher Gebilde entstehen dann aber sehr komplizierte Formen, auf die wir hier nicht eingehen.

Mehr zur Mathematik der Ur-Lemniskate befindet sich in Kapitel 7.1.

5.2 Flache Lemniskate

Die vorher beschriebene Lemniskate auf der Oberfläche einer Sphäre wird von Rudolf Steiner in seinen Auseinandersetzungen zur Bewegung der Planeten eigentlich nicht angewendet. Er geht eher aus von einer flachen zweidimensionalen Lemniskate in einer Ebene. Diese wollen wir nun betrachten und wir nennen sie ab jetzt *die Lemniskate*, in Gegensatz zu der räumlichen, sphärischen Lemniskate. Berühmte Mathematiker wie Leonhard Euler und Johann I Bernoulli haben sich im 18. Jahrhundert mit der Lemniskate beschäftigt. Es handelt sich dabei immer um die gleiche Form der Lemniskate. Eine ihrer Eigenschaften besteht darin, dass in der Kreuzung zwei Linien senkrecht auf einander stehen. Es gibt auch lemniskatische Kurven mit etwas anderen Formen, auf die wir hier aber nicht eingehen.

Nun waren die genannten Wissenschaftler nicht die ersten. Schon vorher hat um 1680 Giovanni Domenico Cassini die Lemniskate beschrieben. Die Arbeit von Cassini, von der Rudolf Steiner in seinen Vorträgen ausgeht, beschreibt die Lemniskate als Teil einer Gruppe von Kurven. Dabei wird ausgegangen von zwei Punkten in der $x-y$ Ebene, einem auf $(-a,0)$, dem anderen auf $(a,0)$. Wir nennen sie Brennpunkte, obwohl das vielleicht nicht ganz richtig ist (Abbildung 5.4). Irgendein Punkt P in der Ebene hat zu jedem der beiden Brennpunkten eine Entfernung, sagen wir d_1 und d_2. Dabei gilt, nach dem Pythagoreischen Satz, Gleichung 5.1.

$$\begin{aligned}(x-a)^2+y^2&=d_1^2\\(x+a)^2+y^2&=d_2^2\end{aligned} \tag{5.1}$$

Nun kann man gewisse Bedingungen stellen an die Entfernungen von P zu den Brennpunkten, um

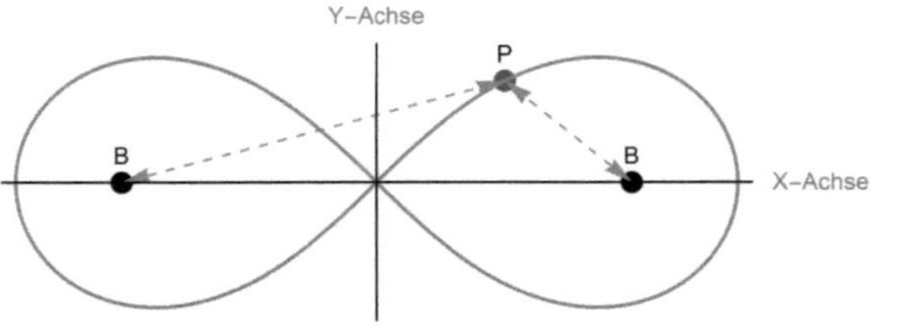

Abbildung 5.4: *Der Punkt P auf der Lemniskate hat zu den zwei Brennpunkten B eine bestimmte Entfernung (Pfeile).*

so zu bestimmten Kurven zu kommen, auf denen diese Bedingungen dann gelten. Wir nützen dabei eine Zahl k die irgend einen Wert haben kann, aber innerhalb einer Kurve immer gleich bleibt.

Wenn wir die Bedingung stellen: $d_1 + d_2 = k$, dann ist diejenige Kurve die dadurch entsteht eine Ellipse.

Mit der Bedingung $d_1 - d_2 = k$ entsteht eine Hyperbel.

Wenn die Bedingung ist: $d_1/d_2 = k$ ergibt sich ein Kreis.

In Abbildung 5.5 sind Beispiele von diesen drei Arten von Kurven dargestellt. Dort ist auch die Lemniskate zu sehen - sie entsteht, wenn wir die vierte Rechenart anwenden: die Multiplikation. Nämlich mit der Bedingung $d_1 \times d_2 = k$ haben wir eine Cassinische Kurve. Diese Kurve kann wieder unterschiedliche Formen haben, je nach dem Wert von k. Eine davon ist dann tatsächlich die Lemniskate; Abbildung 5.6.

Was Rudolf Steiner zu diese Gruppe von Cassinischen Kurven sagt, findet man außer in [24] (ab Seite 163, am 9. Januar 1921) auch in [21] (ab Seite 75, am 28. Juni 1914). Was er zu den vier Rechenarten sagt, kann man unter anderen finden in [11] (ab Seite 284, am 21. September 1906).

An der Lemniskate die wir jetzt gefunden haben können wir noch bestimmte Eigenschaften entdecken. Die Tangentrichtungen an der Lemniskate werden gezeigt in Abbildung 5.7 - sie schauen gewisserweise immer nach aussen wenn man durch die Lemniskate läuft. Die Normale die senkrecht darauf stehen, siehe Abbildung 5.8, schauen aber erst nach innen und dann nach aussen - dabei kann man also den qualitativen Unterschied zwischen den beiden Lemniskatschleifen auch im Mathematischen finden.
Mehr Mathematisches zu diesen Themen befindet sich in Kapitel 7.2.

5.3 Drehende Lemniskaten

Wir haben erst die Ur-Lemniskate angeschaut und danach die flache Lemniskate in der Ebene. Letztere wird von Rudolf Steiner genommen, wenn er über die Planetenbahnen spricht. Trotzdem soll nach Rudolf Steiner die Bewegung aber im Raum, das heißt in drei Dimensionen, gesucht werden. Dass Bewegung nur in einer Ebene nicht

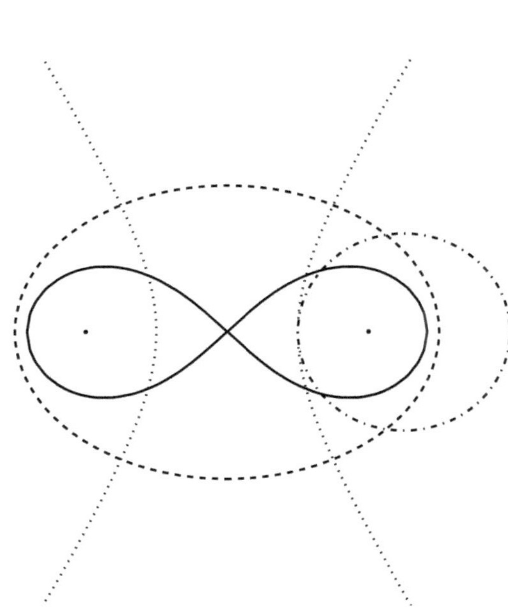

Abbildung 5.5: *Kurven nach den vier Rechenarten: addieren ergibt die Ellipse (gestrichelt), subtrahieren ergibt die Hyperbel (zwei punktierte Kurven), dividieren ergibt einen Kreis dessen Zentrum nicht einer der Brennpunkte ist (Punkt-Strich) und multiplizieren ergibt die Lemniskate (schwarze Linie).*

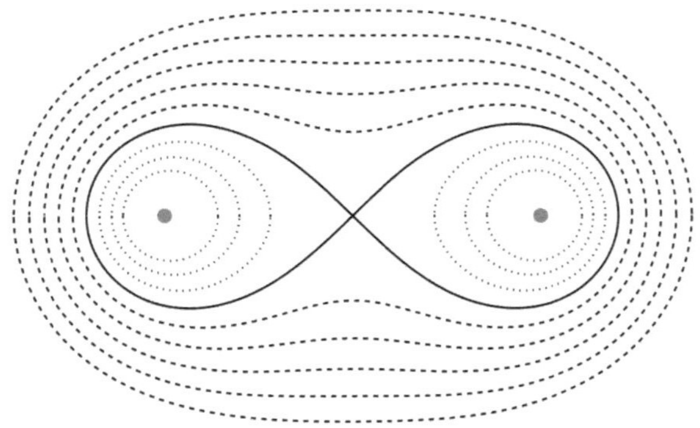

Abbildung 5.6: *Die Familie der Cassinischen Kurven; die unterschiedlichen Kurven haben unterschiedliche Werte für den Konstanten k.*

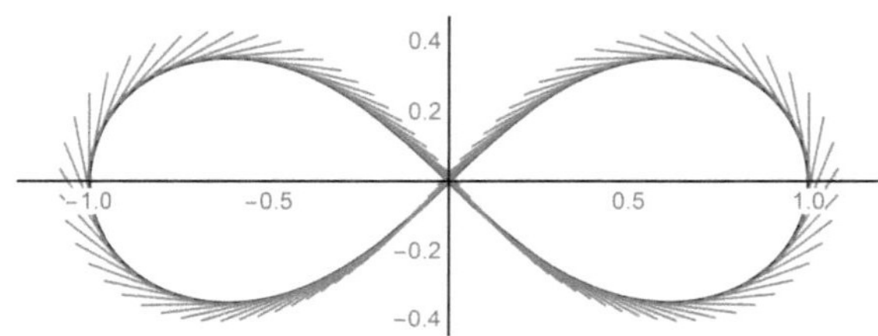

Abbildung 5.7: *Die Tangenten der Lemniskate.*

ausreicht, zeigt schon eine einfache Überlegung: wenn in einer flachen Lemniskate die Erde der Sonne nachfolgt, dann sieht man von der Erde aus gesehen erst die Sonne von rechts nach links gehen - so wie das auch am Himmel durch das Jahr zu sehen ist, mit den Sternen im Hintergrund. Wenn die Sonne und die Erde aber in der Lemniskate

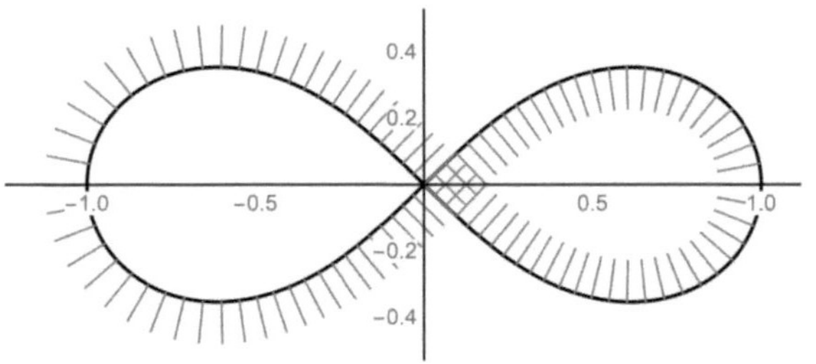

Abbildung 5.8: *Die Normalen der Lemniskate.*

weiter schreiten, dann wird die Perspektive von der Erde aus gesehen so, dass die Sonne sich zurück bewegt, nach rechts - etwa nach einem halben Jahr. Und am Ende des Jahres beginnt alles wieder von vorne. Siehe Abbildung 5.9.

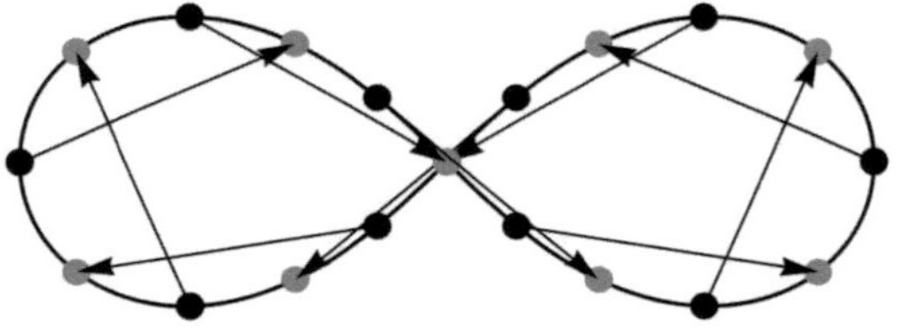

Abbildung 5.9: *Die Sonne (Grau) und die Erde (Schwarz) auf einer lemniskatischen Bahn. Die Pfeile geben die Blickrichtung (Visierrichtung) von der Erde in Richtung Sonne durch das Jahr an.*

Gehen wir über zu räumlichen Bewegungen, dann lesen wir bei Rudolf Steiner in den Zitaten in Kapitel 4, Andeutungen zu unterschiedlichen Bewegungsformen, zum Beispiel: Kreis, Spirale, Lemniskate, Rotation, Fortbewegung auf einer geraden oder krummen Linie und ihre Kombinationen. Welche Zusammenstellung von Bewegungen wir brauchen um räumliche lemniskatische Planetenbewegungen zu bekommen, die mit der Astrophysik übereinstimmen, wissen wir aber noch nicht.

Um in der Erkenntnis weiter zu kommen, haben wir viele unterschiedliche Kombinationen von einer oder mehreren Bewegungen simuliert. Die wichtigsten Ergebnisse werden jetzt beschrieben.

Im dreidimensionalen Raum kann man eine Rotation oder Drehung festlegen durch die Wahl einer Drehachse. Diese wird bestimmt durch die Orientierung der Drehachse und dem Drehwinkel. Eine komplizierte Drehung kann man immer zusammenstellen aus mehreren einzelnen Drehungen - wichtig dabei ist die Reihenfolge.

Generell muss man bei Drehungen immer genau wissen, was auf was dreht; diese wichtige Einsicht liest man schon zwischen den Zeilen bei Aristoteles, wenn er das System von Eudoxos beschreibt und seine Gedanken dazu äußert; siehe das Zitat auf Seite 45. In der moderneren Mathematik hat man sich auch viel mit Rotationen beschäftigt und es finden sich mehrere mathematische Systeme dafür; ein jedes dieser Systeme ist für eine bestimmte Art von Drehungen geeignet. Wichtig ist dabei ob man ausgeht von festen oder mitdrehenden Achsen. Mehr darüber in Kapitel 7.

Rudolf Steiner spricht über eine Rotationslemniskate die entsteht durch Drehung um ihre lange Achse, siehe das Zitat Seite 36. Wie man sich das vorstellen kann ist dargestellt in Abbildung 5.10.

Die Oberfläche eines solchen Gebildes könnte aussehen wie in Abbildung 5.11. Diese Abbildung ist entstanden dadurch, dass die Cassinische Bedingung auf drei Dimensionen ausgeweitet ist.

Jetzt drehen wir, wie vorher, die flache Lemniskate um die lange Achse und gleichzeitig lassen wir einen Punkt der Lemniskate entlang laufen. Wenn man die Kurve, die dieser Punkt im Raum zurücklegt, aufzeichnet, bekommen wir solch eine Form die gezeigt ist in Abbildung 5.12. Es ist keine bekannte Form und man kann sie sich nicht leicht vorstellen; die zusätzlichen Seitenansichten mögen dabei helfen.

Nun kann man sich vorstellen, dass die Sonne und die Erde solch eine Bahn durchlaufen, wobei die Erde etwa ein Viertel Umlauf hinter der Sonne geht. Wenn dann die Perspektive angenommen wird, wie sie sich von der Erde aus ergibt - also die Erde in Ruhe, die Sonne bewegt sich um die Erde - dann entsteht eine Kurve wie gezeigt in Abbildung 5.13.

Klar ist, dass dieses Resultat keineswegs ähnlich ist demjenigen, was wir gefunden haben bei den astrophysischen Wahrnehmungen. Wir brauchen aber eine Sonnenbahn, die von der Erde aus gesehen einem Kreis oder einer Ellipse ähnlich ist - dies als Gesamtresultat aller Bewegungen.

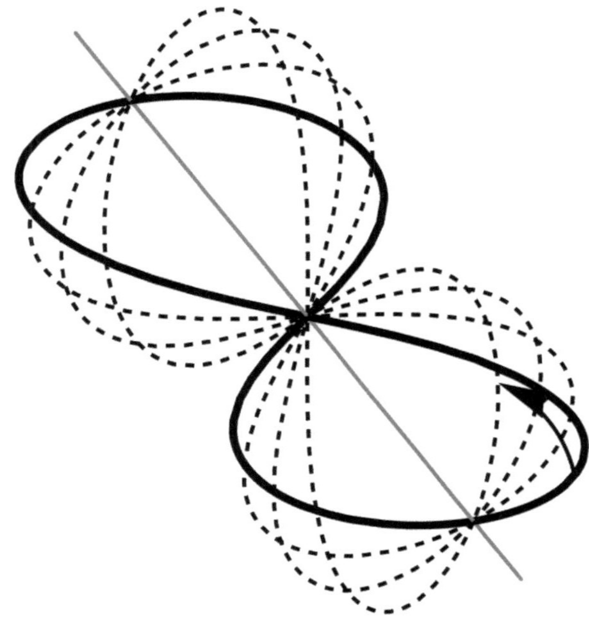

Abbildung 5.10: *Eine flache Lemniskate in der horizontalen Ebene (Schwarz) wird gedreht um ihre lange Achse (Grau); die gedrehte Lemniskate ist bei einigen unterschiedlichen Drehwinkeln gestrichelt dargestellt.*

Wenn wir auf die dargestellte Bewegung noch zusätzliche Drehungen anwenden, ergeben sich zunächst auch keine brauchbareren Resultate.
Wenn man dann die Lemniskate oder das ganze System von Sonne und Erde laufen lässt auf einem Kreis oder auf einer Spirale oder gar auf einer Lemniskate, dann bringt das auch nicht viel

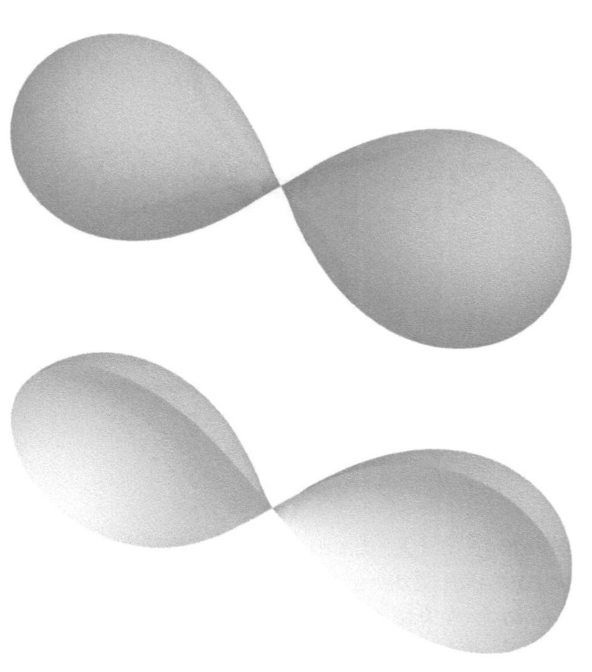

Abbildung 5.11: *Eine Rotationslemniskate (oben), die entstanden ist durch Drehung um die lange Achse. Unten die gleiche Abbildung, aber jetzt mit Blick auf die Innenseite.*

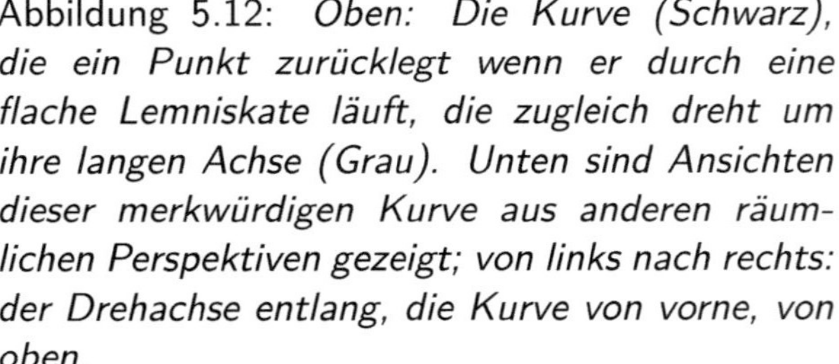

Abbildung 5.12: *Oben: Die Kurve (Schwarz), die ein Punkt zurücklegt wenn er durch eine flache Lemniskate läuft, die zugleich dreht um ihre langen Achse (Grau). Unten sind Ansichten dieser merkwürdigen Kurve aus anderen räumlichen Perspektiven gezeigt; von links nach rechts: der Drehachse entlang, die Kurve von vorne, von oben.*

weiter. Das ist deshalb so, weil dann nur das ganze System gewisser Weise geschoben wird und die Beziehungen der Erde und der Sonne unter einander sich nicht ändern.

Eine weitere Möglichkeit bestünde darin, dass es sich um Bewegungen der Erde und Sonne handeln würde die nicht für sich, sondern nur zusammen einen Kreis bilden würden. Obwohl auch diese Möglichkeit untersucht wurde, haben sich daraus keine tiefer gehenden Erkenntnisse ergeben.

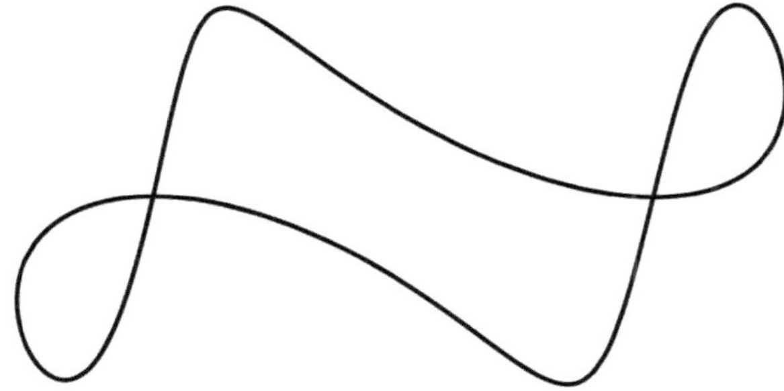

Abbildung 5.13: *Der Weg der Sonne gesehen von der Erde bei Drehung der Lemniskate um ihre langen Achse.*

Es gibt aber noch eine andere Möglichkeit der Zusammenstellung der Bewegungen, die einer möglichen Lösung näher kommt.

Dazu nehmen wir noch einmal die flache Lemniskate in der $x - y$ Ebene mit der langen Achse der x-Achse entlang. Wir drehen sie jetzt aber nicht um ihre lange, sondern um ihre kurze Achse, die y-Achse. Das Ergebnis ist dargestellt in Abbildung 5.15. Wir lassen einen Punkt P, angefangen in dem Kreuzpunkt der Lemniskate, durch die drehende Lemniskate laufen mit der gleichen Geschwindigkeit der Drehung - beide machen einen Durchlauf und eine Drehung - und wir erhalten ein erstaunliches Resultat.

Die Kurve die P zurücklegt durch die kom-

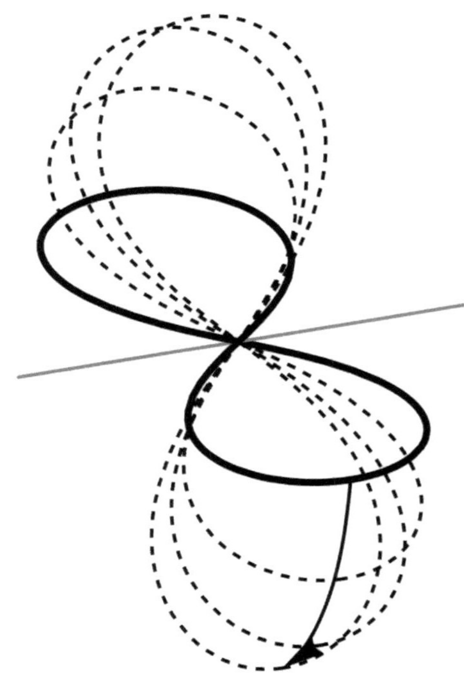

Abbildung 5.14: *Rotation der Lemniskate (Schwarz) um ihre kurze Achse (Grau). Die Bewegung der Lemniskate ist gestrichelt dargestellt.*

binierte Bewegung, ergibt einen mathematischen Kreis - siehe Abbildung 5.15. Zu beachten ist, dass der Mittelpunkt dieses Kreises nicht der Kreuzpunkt der Lemniskate ist; auch wird die Lemniskate von P zweimal durchlaufen bei einer Umdrehung der Lemniskate, und zwar nicht in regelmäßigen Schritten. Bei anderen Anfangspositionen von P auf der Lemniskate ist der Kreis anders platziert und orientiert; der Kreuzpunkt ist aber immer ein Punkt des Kreises. Mehr über die Mathematik dazu wird dargestellt in Kapitel 7.3.

Der Raum, den die Lemniskate einnimmt wenn sie gedreht wird, kann man sich vorstellen wie in Abbildung 5.16, hier mit willkürlicher Orientierung.

Da wir jetzt eine kreisförmige Bahn als Resultierende gefunden haben, können wir diese als Baustein nehmen für weitere Überlegungen. Die Drehung um die kurze Achse wird im Kapitel 6 der Ausgangspunkt sein für die Simulationen.

Ausführlichere Beschreibungen zu diesen Themen, auch mehr mathematische, finden sich in Kapitel 7.3.

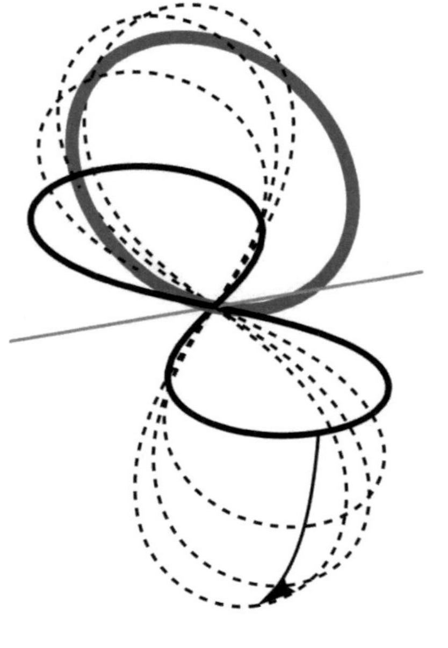

Abbildung 5.15: *Der Weg des Punktes P bei Rotation um die kurze Achse (Dunkelgrau, dick); die Bewegung der Lemniskate ist zusätzlich angedeutet wie in Abbildung 5.14.*

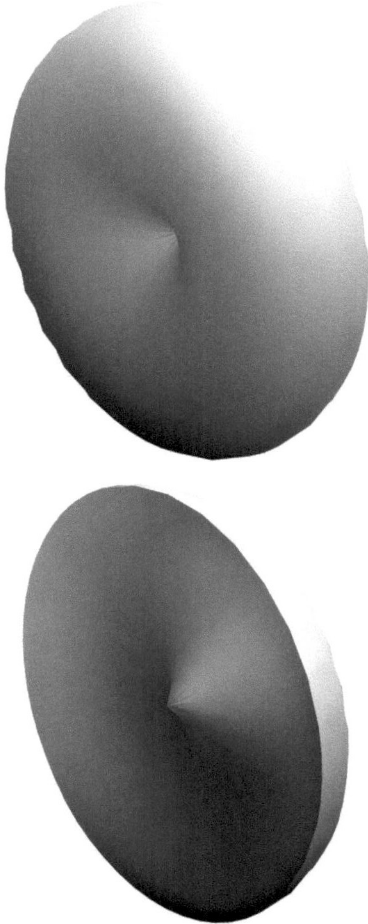

Abbildung 5.16: *Der Raum, den die rotierende Lemniskate einnimmt; unten die Innenansicht.*

Kapitel 6

Der neue Schritt zu einer Lösung

In diesem Kapitel wird eine Anwendung der bisher gefundenen Resultate auf das Problem der lemniskatischen Bewegung der Sonne und der Erde beschrieben. Diese wird zeigen, dass eine Übereinstimmung dieser Bewegung mit den Wahrnehmungen der Astrophysik grundsätzlich möglich ist.

Zusätzliche Mathematik wird ausgeführt in Kapitel 7.3.

6.1 Erster Aufbau

Wir gehen wieder aus von einer flachen Lemniskate in der horizontalen Ebene. Wenn sie sich dreht um ihre kurze Achse, und gleichzeitig der Punkt P sie durchläuft, entsteht ein Kreis, so wie es dargestellt wurde in Kapitel 5.3. Wie genau der Kreis orientiert ist, hängt unter anderem ab vom Ausgangspunkt von P auf der Lemniskate; in Abbildung 6.1 ist die Situation dargestellt für den Fall in dem P im Kreuzpunkt der Lemniskate beginnt. Wir können so eine Bahn für die Sonne darstellen (Grau).

Den gleichen Vorgang kann man für die Erde anwenden indem wir eine Lemniskate um ihre Kurze Achse drehen und gleichzeitig einen Punkt durch die Lemniskate laufen lassen. Dieser Punkt, der die Erde darstellt, soll sich aber nach Hinweisen von Rudolf Steiner, wie oben schon erwähnt, $1/4$ Umlauf hinter der Position der Sonne in der Lemniskate befinden. Die Erde ist also am Anfang der Drehung nicht im Kreuzpunkt, sondern am äußersten Ende einer Schleife ihrer Lemniskate. Dadurch ändert sich der daraus resultierende Kreis; er bleibt ein Kreis, hat aber eine andere Position und Winkelstellung zur Lemniskate. Diese Position und Winkelstellung sind dargestellt in Abbildung 6.2. Zusammengestellt sieht die Situation so aus wie in Abbildung 6.3.

Wir nehmen jetzt wieder die erste Lemniskate,

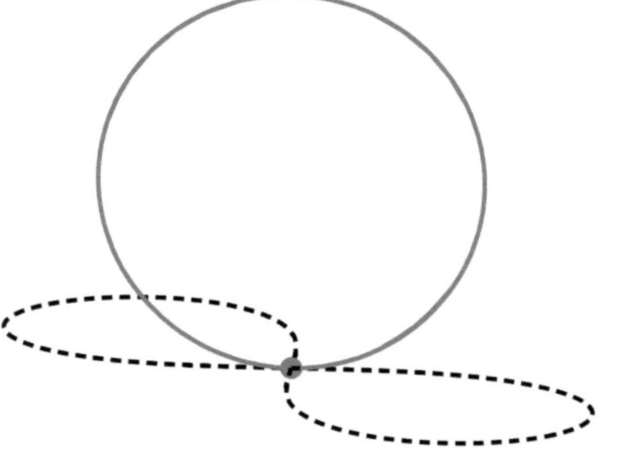

Abbildung 6.1: *Die erste Lemniskate (gestrichelt) und der Kreis der entsteht (Grau), wenn die Sonne die Lemniskate durchläuft und die Lemniskate gleichzeitig um ihre kurze Achse dreht; Ausgangspunkt der Sonne befindet sich im Kreuzpunkt.*

die der Sonne mit ihrem Kreis und ändern deren Stellung, um den Kreis in der horizontalen Ebene zu haben. Siehe Abbildung 6.4. Die Lemniskate liegt zu diesem Zweck nicht in der horizontalen $x-y$ Ebene, sondern steht vertikal in der $x-z$ Ebene. Dazu kommt, dass ihre lange Achse nicht die z Achse ist, sondern um 45 Grad dazu geneigt ist. Wir nehmen jetzt die Drehung dieser Lemniskate um ihre kurzen Achse vor, die in der Zeichnung als gestrichelte Gerade dargestellt ist, und fangen die Drehung an beim gezeigten Stand

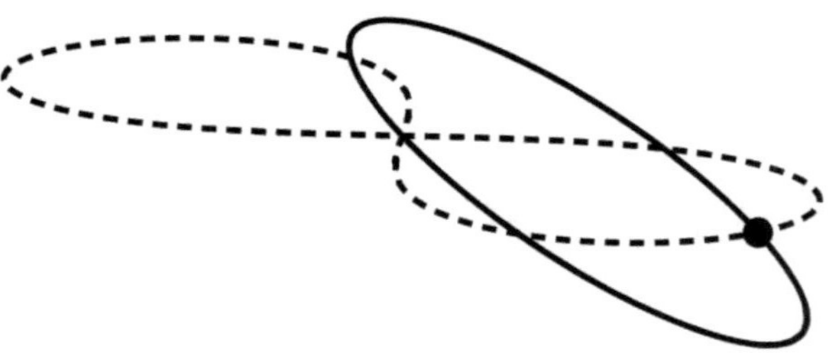

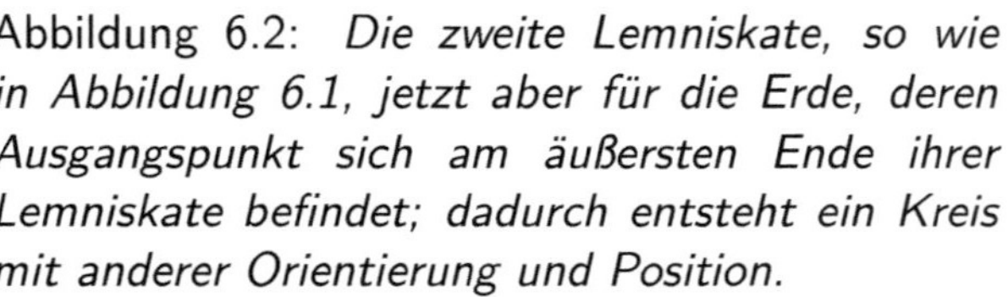

Abbildung 6.2: *Die zweite Lemniskate, so wie in Abbildung 6.1, jetzt aber für die Erde, deren Ausgangspunkt sich am äußersten Ende ihrer Lemniskate befindet; dadurch entsteht ein Kreis mit anderer Orientierung und Position.*

(vertikal). Gleichzeitig durchläuft der Punkt P die Lemniskate, er fängt an im Kreuzpunkt der Lemniskate. Der Kreis der entsteht liegt jetzt in der horizontalen Ebene. Der Kreuzpunkt der Lemniskate liegt auf dem Kreis. Der Radius dieses Kreises nennen wir r_1.

Wir wollen jetzt eine Situation herstellen, wobei die Sonne und die Erde umeinander kreisen, so wie dargestellt in Abbildung 2.3. Das heißt, dass die resultierenden Kreise der Sonne und der Erde zusammenfallen müssen. Dazu müssen wir die Lemniskate der Erde und ihren Kreis so drehen und schieben, bis dies der Fall ist. Wenn die beiden Bahnkreise zusammenfallen, drehen die Sonne und die Erde umeinander. Die Lemniskaten fallen nicht zusammen.

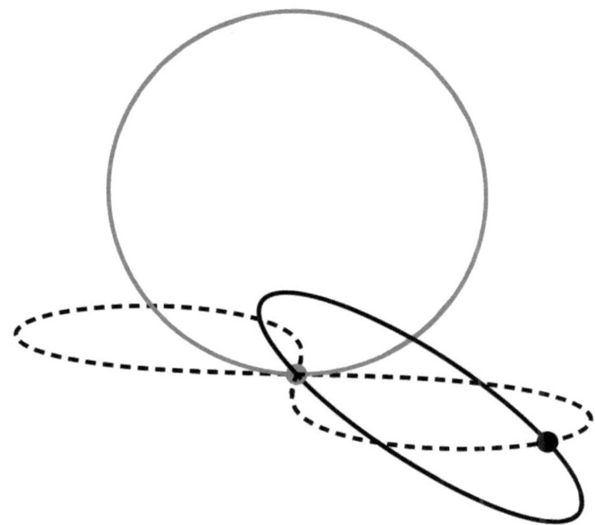

Abbildung 6.3: *Die zwei Lemniskaten aus Abbildungen 6.1 und 6.2 zusammengestellt; Sonne und Erde laufen jetzt in derselben drehenden Lemniskate.*

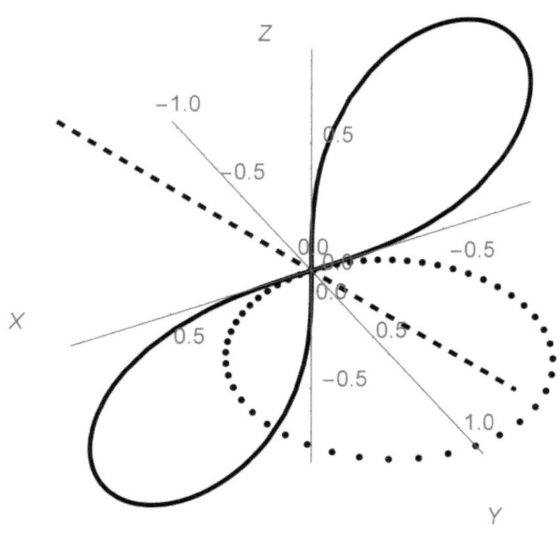

Abbildung 6.4: *Die Situation der ersten Lemniskate aus Abbildung 6.1, aber das Ganze so gedreht, dass der Kreis in der horizontalen Ebene liegt. Die Lemniskate ist durchgehend Schwarz, die Drehachse gestrichelt, und der resultierende Kreispunkt gepunktet.*

Nun müssen wir aufpassen: es läuft die Erde in der Lemniskate zwar 1/4 Umlauf hinter der Sonne; da aber bei einer Umdrehung der Lemniskate die Erde den Kreis zweimal durchläuft, ist im gemeinsamen Kreis die Erde einen halben Umlauf hinter der Sonne. Sie stehen einander also gegenüber. Die Folgen der Tatsache, dass Sonne und Erde den Kreis aber nicht ganz regelmäßig durchlaufen, behandeln wir in Kapitel 7.3.

Wir könnten jetzt noch die Situation aus der Perspektive der regulären Astronomie betrachten: sie hat die heliozentrischen Anschauung, das heißt: die Sonne steht im Zentrum und die Erde dreht um die Sonne; siehe auch Abbildung 2.1. Zu beachten ist, dass der Radius der Bahn von der Erde um die Sonne dann zweimal so groß ist wie r_1. Wir haben also eine Kreisbewegung der Erde um die Sonne bekommen. Nun fehlt noch die Spirale. Sie entsteht dadurch, dass das ganze System sich nach oben bewegt, in

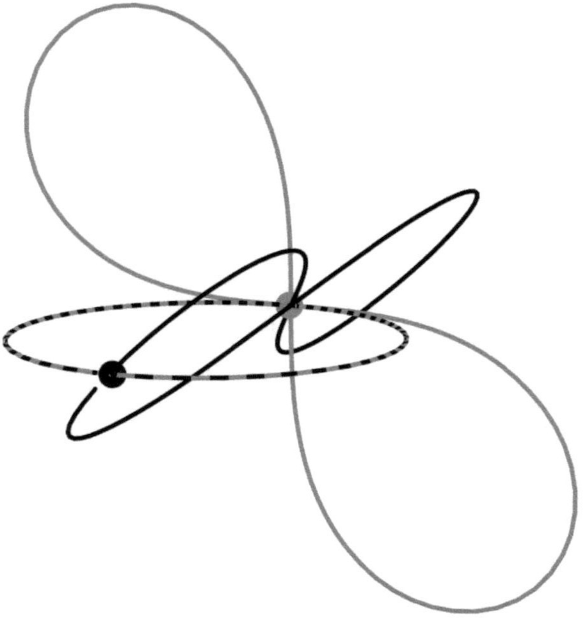

Abbildung 6.5: *Die beide Bahnkreise fallen zusammen in der horizontalen Ebene. Die Sonne und ihre Lemniskate sind Grau, die Erde und ihre Lemniskate Schwarz dargestellt. Der resultierende gemeinsame Kreisbahn ist Grau mit Schwarz.*

einer etwas geneigten Richtung; so bekommen wir eine Spirale, wie sie die Astrophysik ebenfalls wahrnimmt.

Ist aber hiermit schon die ganze Problematik der lemniskatischen Planetenbewegungen gelöst, oder müssen wir noch weiter daran arbeiten?

6.2 Fortsetzung

Rudolf Steiner gibt an, wie wir in Kapitel 4 gesehen haben, dass die Erde immer wieder durch einen Ort geht an dem sich die Sonne zuvor im Raum befand. In der beschriebenen Situation gibt es dazu keine Möglichkeit immer wenn die Sonne nach oben gegangen ist, ist auch die Erde fortgeschritten, sie gehen nie durch denselben Punkt im Raum.

Andererseits finden wir bei Rudolf Steiner Zeichnungen die eine Situation andeuten, wobei Sonne und Erde sich auf der gleichen Spirale befinden, wobei die Erde der Sonne nachläuft. Dann ginge die Erde fortwährend durch die Orte, an denen die Sonne vorher war. Wenn man diese Situation einfach so übernimmt, gibt es aber ein Problem und zwar Folgendes.

Wenn Erde und Sonne umeinander drehen ohne eine Bewegung nach oben, sehen wir von der Erde aus die Sonne in einem Jahr an verschiedenen Orten, die aber auf einer Ebene liegen auf der auch die Erde sich befindet, auf der Ekliptik; siehe Abbildung 6.6.

Jetzt nehmen wir die Spiralbewegung dazu, siehe Abbildung 6.7. Wenn man nun die Richtungen darstellt, in der die Sonne von der Erde aus gesehen wird, bemerken wir, dass wir uns auf der Erde nicht mehr in einer Ebene mit der Sonne befinden. Wir sehen sie immer oberhalb von uns, ihre Bahn ist also jetzt nicht mehr am richtigen Ort. Dies ist in einer solchen Situation nicht zu vermeiden. Das heißt, wenn wir diese Zeichnungen von Rudolf Steiner einfach in dieser Weise auffassen, kommen wir nicht zu etwas, was der Wahrnehmung entspricht. Wir müssen weiter suchen.

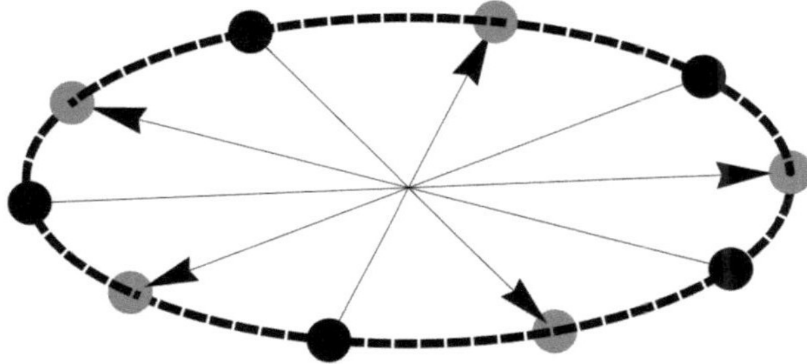

Abbildung 6.6: *Ein Beispiel wie die Visierlinien von der Erde zur Sonne verlaufen, wenn die Sonne und die Erde umeinander drehen - alle Pfeile liegen auf der gleichen Ebene, auf der auch die Erde sich befindet.*

Wir kehren zurück zu den beiden zusammenfallenden Bahnkreisen, in denen die Sonne und die Erde einander umkreisen. Nun nehmen wir folgendes vor. Man kann diese zwei Bahnkreise zueinander neigen, wobei sie den gleichen Mittelpunkt behalten; zum Beispiel wie in Abbildung 6.8 dargestellt ist. Wenn Erde und Sonne einander gegenüber stehend ihre geneigten Bahnen drehen, dann ist das Ergebnis von der Erde aus gesehen wieder einem Kreis ähnlich, aber jetzt mit dem richtigen Sonnenbahn, nicht abgehoben - so wie dargestellt in Abbildung 6.9.

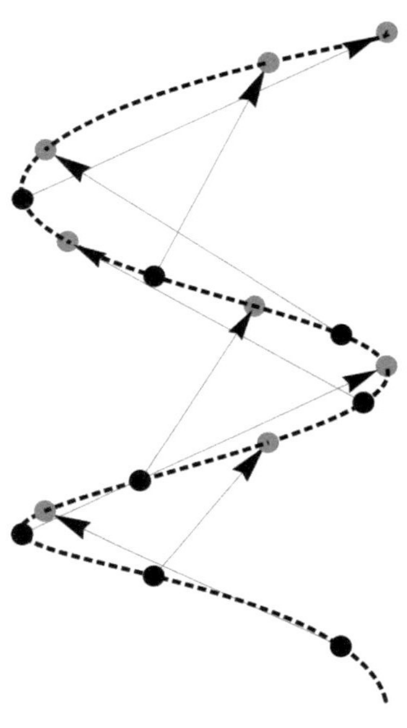

Abbildung 6.7: *Wie Abbildung 6.6, aber jetzt bewegt das Ganze sich auch nach oben, wodurch eine Spirale entsteht. Die Visierlinien weisen jetzt alle immer nach oben.*

Schauen wir genauer hin, dann bemerken wir, dass die resultierende Kreisbahn der Erde um die Sonne nicht mehr genau ein Kreis ist, sondern eine bestimmte Exzentrizität aufweist, die größer wird je nachdem der Neigungswinkel α größer wird. Das Verhältnis der kurzen und der langen Achse des resultierenden Kreises ist $Cos(\alpha/2)$;

zum Beispiel 0.97 für einen Neigungswinkel von 30 Grad. Wie das ganze aussieht inklusive Lemniskaten ist dargestellt in Abbildung 6.10. Dort befinden Sonne und Erde sich an ihren Ausgangsorten.

Gehen wir jetzt davon aus, dass in der Bahnkonstruktion dieser Zeichnung die Erde oben in der schwarzen Bahn sich befindet, und die Sonne in der grauen Bahn etwa gegenüber. Jetzt bewegt sich das ganze System nach oben, und Sonne und Erde bewegen sich gleichzeitig in ihren Bahnen. So wird nach einiger Zeit die Erde einen halben Umlauf weiter gekommen sein und zwar genau an den Punkt wo die Sonne war - wenn die Richtung, die Geschwindigkeiten der Umlaufszeiten und der vertikalen Bewegung des ganzen Systems richtig abgestimmt sind. Dieser Vorgang ist dargestellt in Abbildung 6.11, wobei die Erde beginnt in E1 und sich zu E2 hin bewegt; die Sonne beginnt in S1 und bewegt sich nach S2. Das ganze System bewegt sich inzwischen in der Richtung des Pfeiles.

6.3 Weitere Abstimmung

Wie wir diese Abstimmung erreichen können, dem gehen wir jetzt nach. Die Sonne und die Erde bewegen sich auf ihren zwei geneigten Bahnen. Wir ändern die Perspektive und schauen Abbildung 6.10 von der Seite an; die Kreise erscheinen so als Abschnitte von Geraden; die Sonnenlemniskate

Abbildung 6.8: *Die Bahn der Erde (Schwarz) ist geneigt zur Bahn der Sonne (Grau).*

auch und sie erscheint jetzt vertikal: Abbildung 6.12. Die Sonne befindet sich zu diesem Zeitpunkt links auf ihrer Bahn; die Erde befindet sich im Kreuzpunkt der schwarzen Lemniskate (nicht gezeichnet). Ein halber Kreisumlauf später befindet sich die Erde unten in ihrer Bahn (wie gezeichnet), die Sonne ist nach rechts gewandert - jetzt muss auch das ganze System sich in der Richtung des Pfeiles bewegen, damit die Erde an dem Ort ankommt, wo vorher die Sonne war.

Wir sehen, dass bei einer bestimmten Bahnneigung eine bestimmte Systembewegung - Pfeilrichtung und Pfeillänge - festgelegt wird. Wir können die Pfeilrichtung und Pfeillänge noch weiter beeinflussen indem wir die Größe der Erdbahn (Radius) verkleinern. Dies ist dargestellt

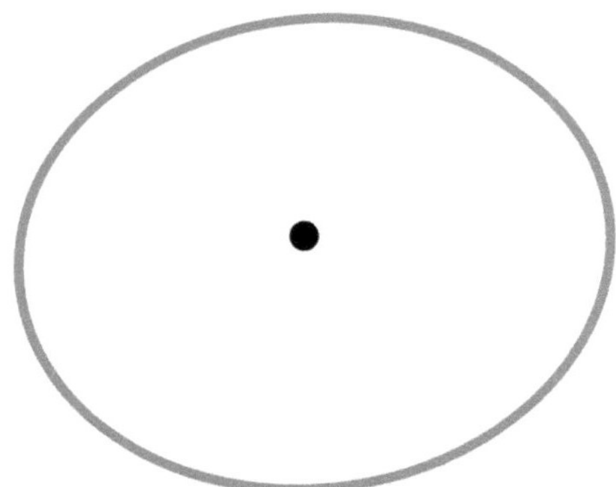

Abbildung 6.9: *Die aus der Situation von Abbildung 6.8 resultierende Bahn, in der Perspektive mit der Erde in der Mitte und die Sonne sie umkreisend. Diese Bahn ist hier räumlich dargestellt und wird nicht exakt von oben angeschaut.*

in Abbildung 6.13. In anderen Worten: wir können durch eine Auswahl der Bahnneigung und Bahngröße versuchen eine solche Richtung und Geschwindigkeit der Bahnen zu bekommen die gleich sind wie sie die Astrophysik wahrnimmt.

Hiermit ist die allgemeine Beschreibung der konkreten Anwendung der neuen Erkenntnisse erfolgt.

Die spannende Aufgabe besteht jetzt darin, nachzuforschen inwiefern die Simulation übereinstimmt mit den Angaben von Rudolf Steiner und mit den astronomischen Wahrnehmungen.

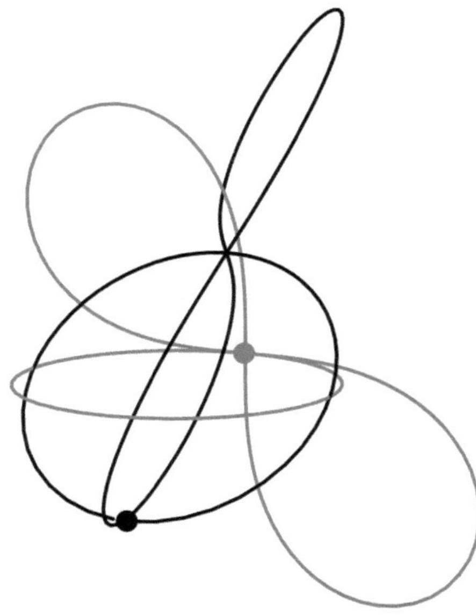

Abbildung 6.10: *Die gleiche Situation wie Abbildung 6.5, aber jetzt mit der geneigten Erdenkreisbahn und entsprechend geneigter Erdenlemniskate.*

6.4 Vergleich der Resultate

Wir fangen damit an, aufzuzeigen wie die Simulation übereinstimmt mit der Zeichnung nach Rudolf Steiner aus GA 171; siehe Abbildung 4.8, links. Es wird von Rudolf Steiner angedeutet, dass die zwei Lemniskaten von Sonne und Erde so aussehen wie diese Zeichnung, von einer gewis-

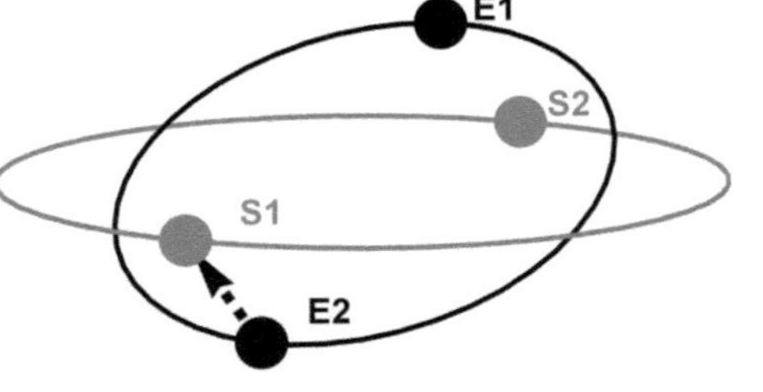

Abbildung 6.11: *Während eines halben Umlaufs bewegt die Erde sich von E1 zu E2, die Sonne geht von S1 zu S2, und das ganze System bewegt sich schräg nach oben in der Richtung des Pfeiles.*

sen Perspektive aus gesehen. Wir drehen also die dargestellte Situation mit den Lemniskaten aus Abbildung 6.10 so, dass eine ähnliche Figur herauskommt wie in dem Vortrag von Rudolf Steiner - das heißt, wir ändern eigentlich nur die Perspektive. Die beiden Abbildungen sehen einander ähnlich.

Für die nächsten Vergleiche zwischen Astrophysik und Simulation müssen wir ebenfalls die Perspektive wechseln. Die Astrophysik platziert in ihren Darstellungen die Sonne in die Mitte und die Erde umkreist sie (abgesehen von den vertikalen Bewegungen). Die Simulationen ergeben eine Situation, wobei Sonne und Erde umeinander drehen. Wollen wir die astrophysische Perspektive annehmen, dann müssen wir die Sonne quasi festhalten und die Erde alle Bewegungen relativ zur Sonne ausführen lassen. Als Beispiel nehmen

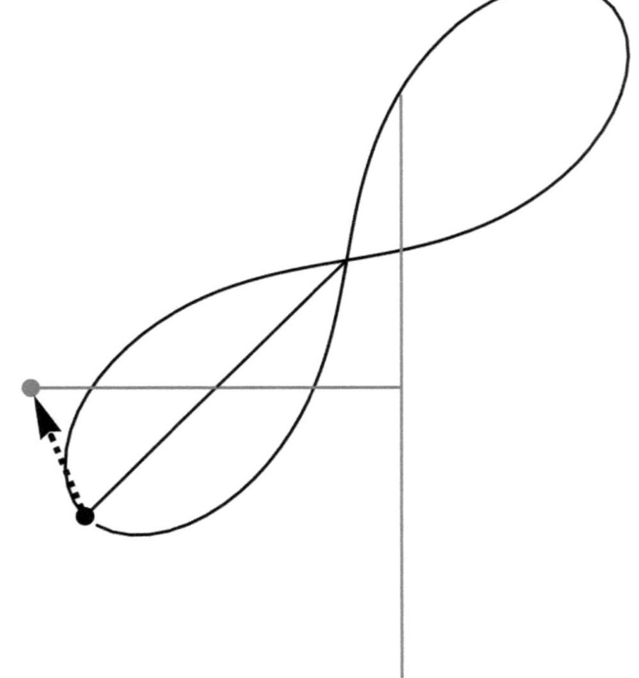

Abbildung 6.12: *Die gleiche Situation als in Abbildung 6.10, aber jetzt von der Seite angesehen: die Bahnkreise sind nur noch als Teile von Geraden sichtbar (Sonne Grau, Erde Schwarz). Weitere Erläuterungen stehen im Text.*

wir den Kreis mit Sonne und Erde die umeinander drehen, der Kreis hat Radius r_1. Sobald die Sonne festgehalten wird, dreht die Erde um die Sonne, aber jetzt mit einem Radius von $2 \times r_1$. Siehe auch Abbildungen 2.2 und 2.3, wobei der

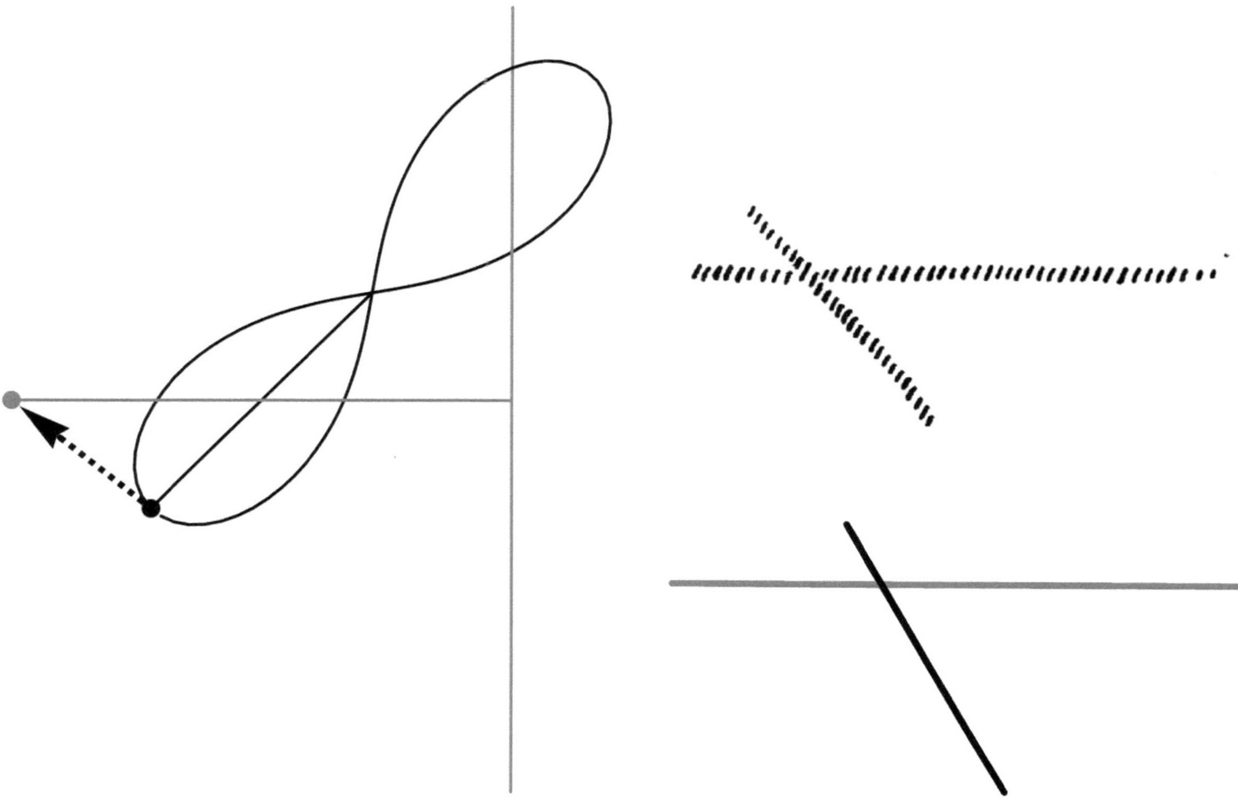

Abbildung 6.13: *Die gleiche Situation wie Abbildung 6.12, aber mit der Größe der Erdbahn etwas verkleinert, so dass die vertikale Bewegungsrichtung und -Größe (Pfeil) sich ändern.*

Abbildung 6.14: *Zum Vergleich: links wie Abbildung 4.8 (links) nach Rudolf Steiner; rechts die Lemniskaten in der Simulation von der Seite gesehen.*

Radiusunterschied schon gezeigt wurde. So muss allen Bewegungen nachgegangen werden, auch die der Lemniskaten.

Jetzt können wir unsere Simulationen mit der Astrophysik vergleichen.

Wie schon dargestellt entsteht durch die Neigung der zwei Kreisbahnen zueinander grundsätzlich nicht ein Kreis, sondern eine Ellipsenform als Resultat - siehe Abbildung 6.15 und vergleiche diese mit Abbildung 3.2.

Wir vergleichen wie der Radius (das ist, die Entfernung Sonne-Erde) in der Simulation sich ändert im Laufe der Bahn mit den erwähnten astrophysischen Resultaten (Abbildung 6.16). Die Exzentrizität bei der Simulation hängt ab vom Neigungswinkel der Bahnkreise, weniger von den Unterschieden der Bahngrößen. Für einen Neigungswinkel von 30 Grad sehen wir sowohl bei der Simulation sowie bei der Astrophysik eine Radiusvariation im Jahr von etwa 1.5%. Ein Unterschied besteht darin, dass die Simulation zwei Maxima zeigt, die Astrophysik nur ein Maximum; die zwei Maxima scheinen bedingt durch die Situation der geneigten Kreise.

In Abbildung 6.17 ist dargestellt wie viel der Winkel der Sonnenposition über die Ekliptik, den Winkel θ den wir aus der Astrophysik schon gesehen haben, im Jahr sich ändert. Die Simulation ergibt Abweichungen vom Durchschnitt in Wert von etwa 0.2 Grad, wobei die Astrophysik einen Wert von (fast) Null hat. Die Abweichung der Simulation ist relativ hoch, da vergleichsweise die Sonnenscheibe selbst einen Durchschnitt von etwa 0.5 Grad hat. Auch dieses Phänomen in der Simulation hängt mit der Situation der geneigten Kreise zusammen.

Es gibt noch einen Parameter, den wir in der Astrophysik gesehen haben, den Winkel ϕ, der angibt, wie regelmäßig die Sonne im Jahr in ihrer Bahn fortschreitet. Der Vergleich ist dargestellt in Abbildung 6.18. Dabei ist auf die Simulation eine Korrektur angepasst, dargestellt in Anhang 7.2, die dafür sorgt, dass die Sonne und die Erde so durch ihre Lemniskaten gehen, dass der resultierende Gang durch die Kreisbahn möglichst regelmäßig ist; trotzdem bleibt ein Rest an Variation. Die Höhe der Maxima dieser Variation ist in der Simulation etwa gleich wie in der Astrophysik; es treten aber auch hier wiederum mehr Maxima auf bei der Simulation als bei den astronomischen Wahrnehmungen - bedingt durch die geneigten Bahnkreise.

Wenn wir jetzt die Bewegung des ganzen Systems betrachten, die in der vertikalen z-Richtung unter einem bestimmten Winkel stattfindet, dann haben wir, wie schon einmal dargestellt, in der Astrophysik eine Spirale mit der Sonne auf einer schiefen Gerade sich bewegend und die Erde drehend schief nach oben gehend; Abbildung 6.19. Ein qualitativ ähnliches Resultat ergibt die Simulation, Abbildung 6.20. Man kann sie auch zusammenstellen, siehe Abbildung 6.21 - daraus sehen wir, dass die Simulation langsamer ist als die Wahrnehmungen der Astrophysik, etwa 8 mal bei einer Bahnneigung von 30 Grad.

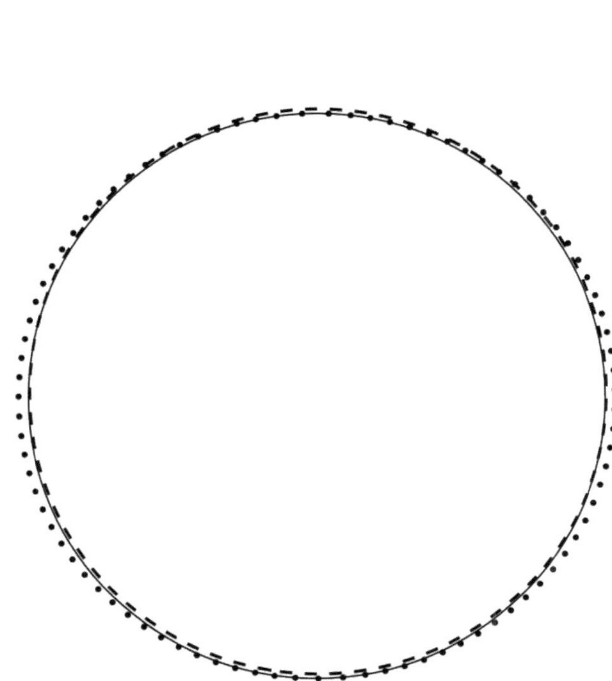

Abbildung 6.15: *Die resultierende Bahn der Sonne um die Erde nach der Astrophysik (gestrichelt), in der Simulation (punktiert) und ein mathematischer Kreis (durchgehende Linie).*

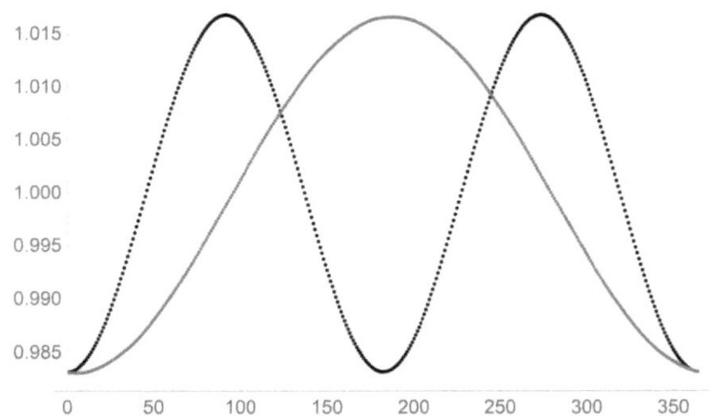

Abbildung 6.16: *Die Variation des Radius in der Simulation (Schwarz) und in den astrophysischen Wahrnehmungen (Grau).*

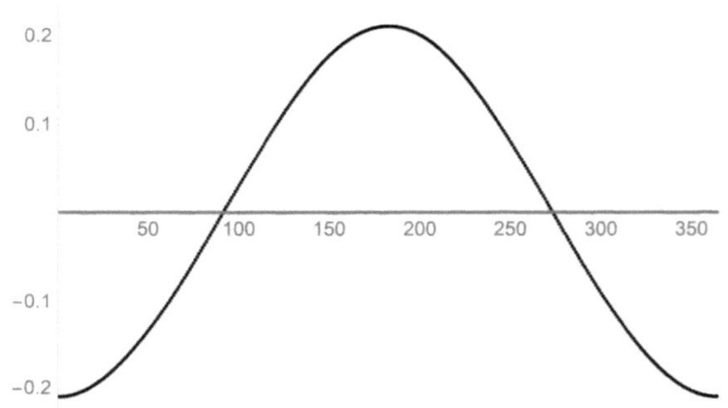

Abbildung 6.17: *Die Variation von θ in der Simulation (Schwarz) und in der Astrophysik (Grau) - letztere ist fast gleich Null.*

Wenn wir jetzt kurz zurückkehren zu derjenigen Perspektive, die wir in den Simulationen gefunden haben, wobei die Sonne und die Erde umeinander drehen und auch die vertikale Bewegung berücksichtigen, dann können wir jetzt auch darstellen wie die beiden sich im Raum bewegen - siehe Abbildung 6.22, wobei auch die Visierlinien zwischen Sonne und Erde angegeben sind.

Wie die Resultate dieser Simulation genau aussehen, wird bestimmt von einigen Parametern, und diese kann man variieren um bessere Übereinstimmung mit den astronomischen Wahrnehmungen zu bekommen. Namentlich der Winkel zwischen den beiden Bahnkreisen und ihre Durchmesser sind bestimmend. Da aber die Parameter einander bedingen, ist die Genauigkeit der Übereinstimmung beschränkt; wenn der eine Parameter sich bessert, wird der andere schlechter oder umgekehrt. Auch können andere Änderungen versucht werden, zum Beispiel leicht exzentrische Kreise.

Die Problematik der lemniskatischen Bewegungen ist aber sehr komplex, und weitere Arbeit ist notwendig um zu weiteren Schritten in der Erkenntnis zu kommen.

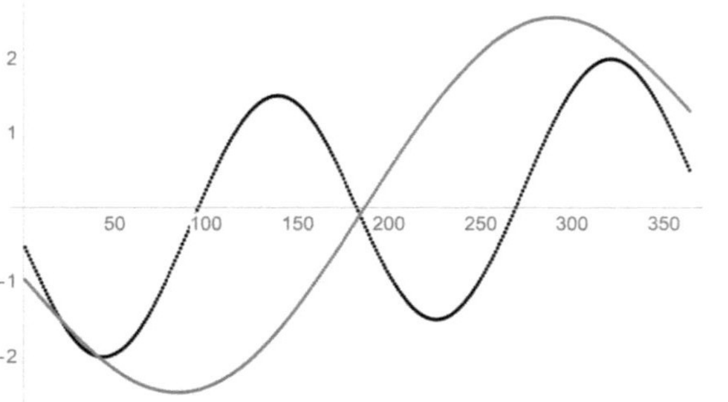

Abbildung 6.18: *Die Variation der Winkel ϕ in der Simulation (Schwarz) und in der Astrophysik (Grau).*

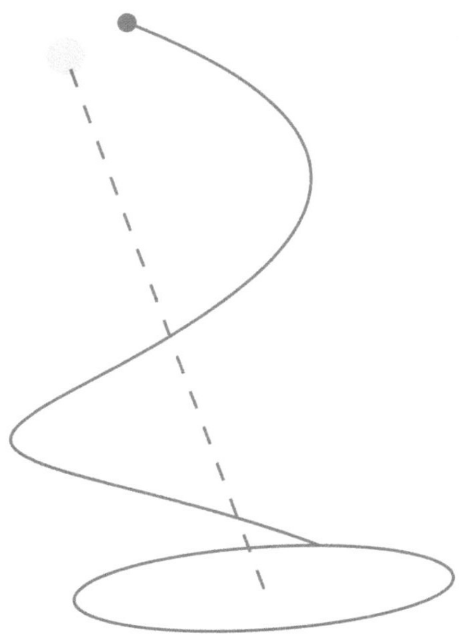

Abbildung 6.19: *Die Spiralbewegung der Erde (Spirale), nach der Astrophysik; die Sonne bewegt sich auf der gestrichelten Gerade. Zur Klarheit ist am Anfang der Spirale eine Erdenbahn eingezeichnet ohne vertikale Bewegung.*

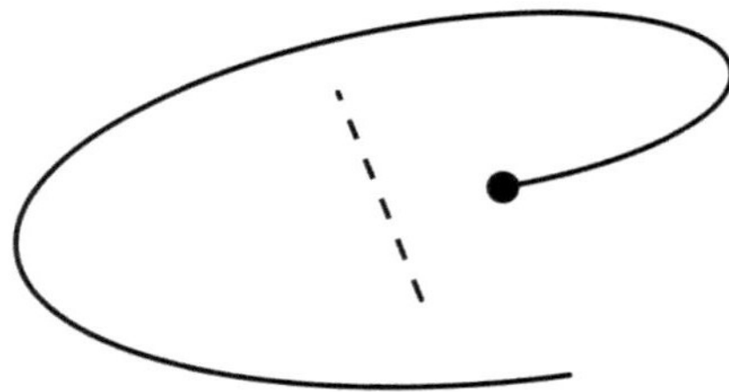

Abbildung 6.20: *Die Spiralbewegung der Erde, so wie in Abbildung 6.19, aber hier nach der Simulation.*

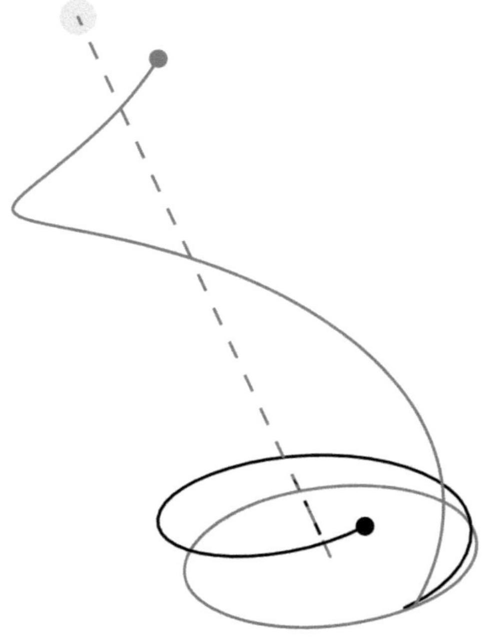

Abbildung 6.21: *Die Spiralbewegung der Erde, nach der Simulation (Schwarz) und nach der Astrophysik (Grau). Die Sonne bewegt sich auf der gestrichelten Gerade.*

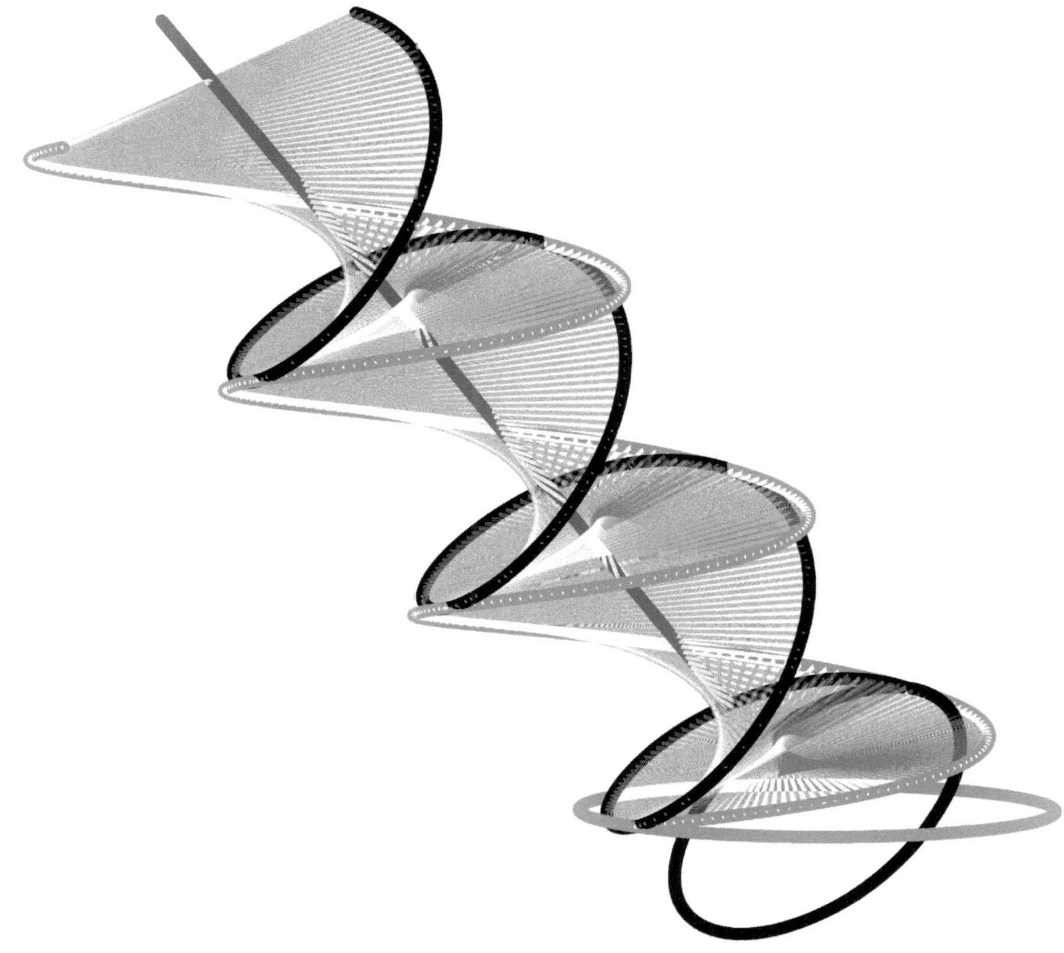

Abbildung 6.22: *Eine Darstellung wie in der Simulation die Sonne (dicke graue Kurve) und die Erde (dicke schwarze Kurve) sich in zwei unterschiedlichen Spiralen im Raum fortbewegen; auch die Visierlinien von der Erde zur Sonne sind eingezeichnet (dünne graue Geraden).*

6.5 Zusammenfassung der Resultate

Wir stellen hier die Resultate des Vergleichs der Ergebnisse der Simulation mit den Wahrnehmungen der Astrophysik und mit den Angaben Rudolf Steiners zusammen; dieser Vergleich gilt für eine Bahnneigung von 30 grad und ein Verhältnis der Bahngrößen von 0.7.

Simulation übereinstimmend

- *Mit der Astrophysik*
  - Spiralbewegung ist ähnlich
  - Ekliptik ist normal
  - 1.5% Exzentrizität
  - die Größe der ϕ-Variabilität
- *Mit den Angaben Rudolf Steiners*
  - Sonne und Erde bewegen sich auf separaten rotierenden flachen lemniskaten
  - Sonne und Erde umeinander drehend in Spiralbewegung
  - die Erde geht durch einen Punkt wo die Sonne war
  - die Winkelzeichnung aus GA 171 stimmt überein

Simulation abweichend

- *Von der Astrophysik*
  - Radiusvariation 2x schneller
  - 0.2 statt 0.0 Grad über die Ekliptikebene
  - ϕ-Variabilität 2x schneller
  - vertikale Bewegung 8x langsamer
- *Von den Angaben Rudolf Steiners*
  - keine Rotation über die lange Achse

Kapitel 7

Anhänge

7.1 Anhang A

Hier werden einige Anregungen gegeben, um die sogenannte Ur-Lemniskate mathematisch zu beschreiben.

Man kann in der Mathematik Drehungen generell mit Rotationsmatrices beschreiben; wenn man einen Punkt P mit Koordinaten $\{x, y, z\}$ hat und diesen drehen will um den Schnittpunkt der Ordinatenachsen, dann wendet man die Matrix auf diese seine Koordinaten durch ein Matrixprodukt an. Die Rotationsmatrices für Drehungen um die x-, y- und z-Achse sind in den Gleichungen 7.1 bis 7.3 gegeben.

$$M_x = \begin{pmatrix} 1 & 0 & 0 \\ 0 & \cos(t) & -\sin(t) \\ 0 & \sin(t) & \cos(t) \end{pmatrix} \tag{7.1}$$

$$M_y = \begin{pmatrix} \cos(t) & 0 & \sin(t) \\ 0 & 1 & 0 \\ -\sin(t) & 0 & \cos(t) \end{pmatrix} \tag{7.2}$$

$$M_z = \begin{pmatrix} \cos(t) & -\sin(t) & 0 \\ \sin(t) & \cos(t) & 0 \\ 0 & 0 & 1 \end{pmatrix} \tag{7.3}$$

Für die erwähnte Drehung von Pol zu Pol ist die Matrix gegeben in 7.2. Dabei ist t eine Art Zeitparameter, der eine Umdrehung bewirkt wenn er von 0 bis 2π läuft.

Für die Drehung um die Achse zwischen den Polen ist die Matrix gegeben in 7.3.

Jetzt nehmen wir einen Punkt P_0 der am obersten Pol der Sphäre beginnt, seine Position dort ist $\{0, 0, 1\}$, dabei ist die z-Achse vertikal gedacht und der Radius der Sphäre $r = 1$. Die Position die P_0 hat nach einer Zeit t, wird dann beschrieben durch Gleichung 7.4. Die Reihenfolge der Anwendung der Matrices ist dabei wichtig; hier ist auf P_0 erst M_y angewendet, darauf wird dann M_z angewendet. Die Bahn von P_0 wenn t

läuft von 0 bis 2π ist dargestellt in Abbildung 7.1: eine sphärische Lemniskate.

$$\begin{gathered} P_0 = \\ M_z \cdot M_y \cdot \{x, y, z\} = \\ \{\cos(t)\sin(t), \sin^2(t), \cos(t)\} \end{gathered} \tag{7.4}$$

Abbildung 7.1: *Die Lemniskate entsteht dadurch, dass ein Punkt, der am oberen Pol beginnt, einen Weg im Raum zurücklegt während die Sphäre eine doppelte Drehung ausführt; so wie im Text beschrieben.*

Damit haben wir als Resultat eine sphärische Lemniskate charakterisiert. Diese hat eine interessante Eigenschaft; wenn sie nämlich von

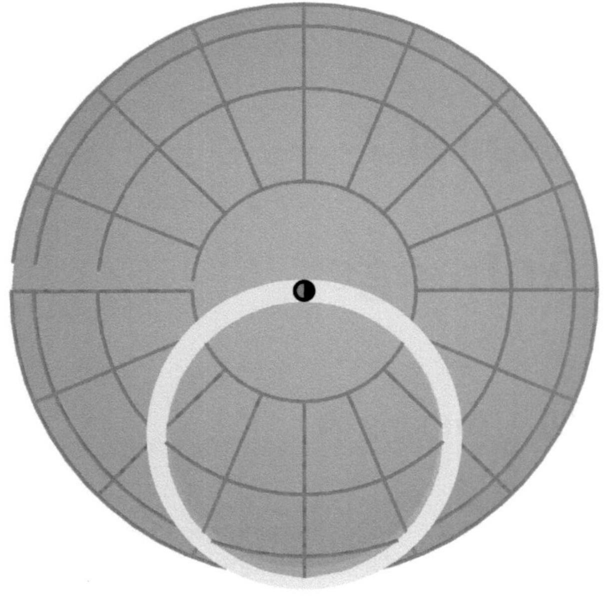

Abbildung 7.2: *Die sphärische Lemniskate von oben (hellgrau); so gesehen ist sie ein Kreis.*

oben angeschaut wird, dann sieht man einen Kreis. Diese Anschauung ist wie eine Projektion auf die horizontale $x - y$ Ebene. Dieser reine Kreis wird bei einem Lemniskatumlauf zwei mal durchlaufen, und sein Zentrum liegt nicht im Ordinatenschnittpunkt, sondern dezentral auf der $x - y$ Ebene; siehe Abbildung 7.2.

Auch in der Gleichung kann man sehen, dass wir es zu tun haben mit einem Kreis. Wir schauen dazu nur die $x - y$ Koordinaten an -

diese sollen einen verkleinerten, dezentralen Kreis beschreiben. Wir würden für einen allgemeinen Kreis etwas wie $\{cos(t), sin(t)\}$ erwarten. Um solch einen Ausdruck zu finden, brauchen wir Gleichung 7.5, die wegen allgemeiner trigonometrischen Identitäten gilt. Dabei beschreibt die rechte Hälfte einen kleinen verschobenen Kreis, der 2 mal durchlaufen wird in entgegengesetzter Richtung und mit einer Phasenverschiebung.

$$\{\sin(t)\cos(t), \sin^2(t)\} = \left\{\frac{1}{2}\sin(2t), \frac{1}{2}(1-\cos(2t))\right\} \tag{7.5}$$

Wir vergleichen jetzt die Ur-Lemniskate auf der Oberfläche einer Sphäre mit einer Lemniskate in der Ebene. Wir legen die Ur-Lemniskate horizontal auf die Sphäre, also mit der langen Achse dem Äquator entlang (Abbildung 7.3). Wir nehmen von den sphärischen Koordinaten r, θ, ϕ dieser Ur-Lemniskate nur θ und ϕ, und interpretieren das als x und y. Es ist also eine Art Projektion. Das Resultat zeigt, dass sie nicht genau gleich sind (Abbildung 7.4). Die zwei Kurven genau miteinander in Übereinstimmung zu bringen kann Thema einer weiteren Studie sein.

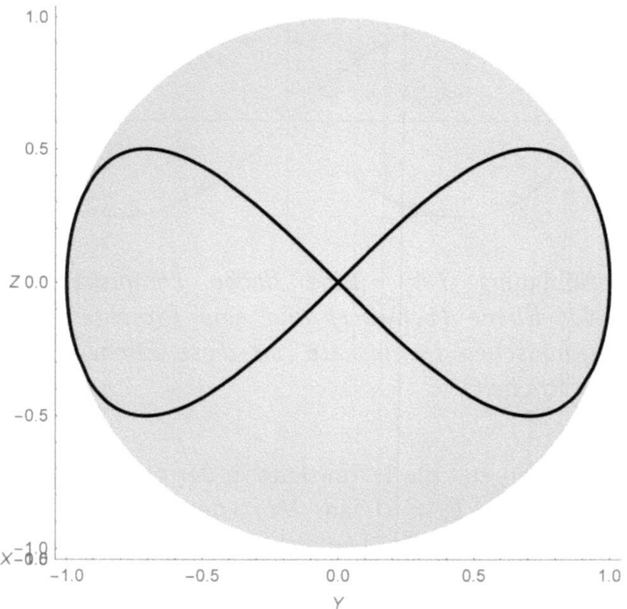

Abbildung 7.3: *Eine Sphärische Lemniskate, jetzt horizontal auf der Sphäre.*

7.2 Anhang B

In diesem Kapitel wird einiges aus der Mathematik der flachen zwei-dimensionalen Lemniskate dargestellt als Ergänzung zu Kapitel 5.2.

Für die Cassinischen Kurven hatten wir Gleichung 5.1 gefunden und die Bedingung, dass $d_1 \times d_2 = k$. Für die Lemniskate finden wir nun zusätzlich die Bedingung, dass $k = a^4$. Bei Rudolf Steiner [24] (Seite 166) ist für unser k die Konstante b^2 definiert. Somit bekommen wir, nachdem wir die Abstände d quadriert haben, die Gleichung:

$$\left((x-1)^2 + y^2\right)\left((x+1)^2 + y^2\right) = a^4 \tag{7.6}$$

Wenn wir diese Gleichung als eine Funktion schreiben wollen, $y(x)$, dann sehen wir, dass Lösungen für y auch komplexe Zahlen enthalten können. Wir

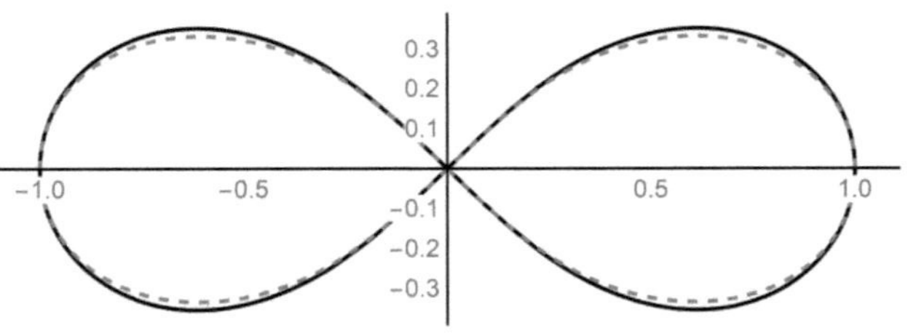

Abbildung 7.4: *Eine flache Lemniskate in der Ebene (Schwarz) und eine Projektion der sphärischen Lemniskate auf diese Ebene (Grau gestrichelt).*

schauen erst die Lemniskate in der oberen Hälfte der Ebene ($y > 0$) an. Wir können sagen, dass für diesen Teil der Lemniskate gilt:

$$y \to \sqrt{-a^2 + \sqrt{a^4 + 4a^2x^2} - x^2} \qquad (7.7)$$

Für die untere Hälfte kommt ein Minuszeichen dazu. Die ganze Lemniskate wird dargestellt wie in Abbildung 7.5. Wenn man die Lemniskate

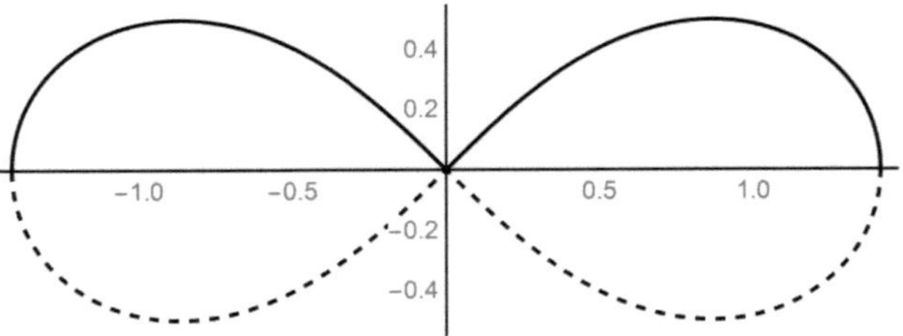

Abbildung 7.5: *Die Cassinische Lemniskate*

auf der rechten Seite anfängt und nach oben geht, dann durchläuft man erst den schwarzen Teil bis ganz links und geht dann unten über den gestrichelten Teil zurück. Es findet also keine Überkreuzung statt bei dieser Formel. Rudolf Steiner hat über dieses Phänomen, das einer weiteren Studie bedarf, auch gesprochen.

Eine andere Möglichkeit ist es, zu Polarkoordinaten zu greifen. Die Formel, wieder ohne Überkreuzung, ist in Gleichung 7.8 dargestellt.

$$\{r, \phi\} = \left\{a\sqrt{2\cos(2\phi)}, \phi\right\} \qquad (7.8)$$

Es gibt aber noch eine dritte Darstellung. Nach einer Fassung von Bernoulli kann die Lemniskate auch mit einer Formel beschrieben werden, die nur eine Variable t hat. Der Punkt, der durch die Lemniskate läuft wenn t ansteigt, wird im Kreuzungspunkt der Lemniskate tatsächlich überkreuzen.

Wir modifizieren diese Darstellung noch etwas und lassen t in einem Umlauf von 0 bis 1 laufen; dazu gibt der Parameter a nicht den Brennpunktabstand, sondern die Länge der halben langen Achse: die Lemniskate ist also $2a$ lang. Wir bekommen so die Gleichung:

$$\{x, y\} = \left\{\frac{a\cos(2\pi t)}{\sin^2(2\pi t) + 1}, \frac{a\sin(2\pi t)\cos(2\pi t)}{\sin^2(2\pi t) + 1}\right\} \qquad (7.9)$$

Diese Lemniskate in der modifizierten Bernoulli Fassung wird oft in unseren Simulationen angewendet, einerseits weil sie einfach ist und andererseits weil die Überkreuzung inbegriffen ist.

Wir werden jetzt einige ihrer Eigenschaften anschauen. Wir gehen aus von der Formel für die Lemniskate wie dargestellt in Gleichung 7.9.

Im Kreuzpunkt ist der Winkel 90 Grad. Die maximale Breite und Höhe sind respektive a und $a/\sqrt{8}$. Die Richtungen der Tangenten an der Lemniskate können beschrieben werden durch Gleichung 7.10. Die Normalen stehen senkrecht darauf, siehe Gleichung 7.11. Siehe auch die schon dargestellte Abbildungen 5.7 und 5.8.

$$\left\{-\frac{4\pi a\sin(2\pi t)(\cos(4\pi t)+5)}{(\cos(4\pi t)-3)^2}\right\},\left\{\frac{4\pi a(3\cos(4\pi t)-1)}{(\cos(4\pi t)-3)^2}\right\} \tag{7.10}$$

$$\left\{\frac{\sqrt{2}(1-3\cos(4\pi t))}{(3-\cos(4\pi t))^{3/2}},-\frac{\sqrt{2}\sin(2\pi t)(\cos(4\pi t)+5)}{(3-\cos(4\pi t))^{3/2}}\right\} \tag{7.11}$$

Nun betrachten wir etwas, das wichtig ist für die Simulationen, nämlich wie schnell der Punkt P die Lemniskate durchwandert indem t von 0 bis 1 läuft. Der Weg, der von P zurück gelegt wird, stellt sich als ein unregelmäßiger Weg dar.

Betrachten wir P in drei Positionen in einer Lemniskate mit dem Lemnikatenparameter $a = 1$ (siehe Abbildung 7.6). Bei $t = 0$ ist P in Punkt A. Dann, nach $1/8$ Durchlauf von äußerst rechts nach links ist seine Position B; dabei ist die Strecke von $t = 0$ bis $t = 1/8$ gleich 0.727; aber von $1/8$ bis $2/8$ (die Kreuzung, Position C) ist die Strecke 0.584.

Die totale Bogenlänge der Lemniskate ist generell $4aK(-1)$ wobei $K(m)$ das komplette elliptische Integral der ersten Art ist; diese Bogenlänge ist also $a\times 5.244$. Der gerade Weg von $t = 0$ bis $t = 1/8$ wäre also $a \times 5.244 \times 1/8 = 0.656$ statt 0.727. Zu elliptischen Integralen siehe zum Beispiel auch [40].

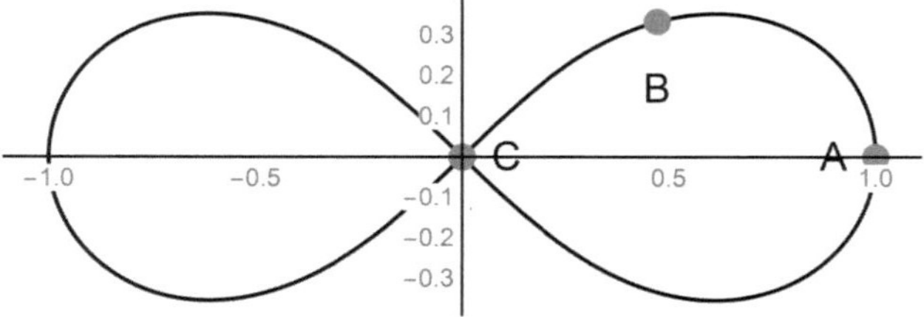

Abbildung 7.6: *Eine Lemniskate mit drei Referenzpunkten A, B und C.*

Generell ist der Weg durch die Lemniskate von t_1 bis t_2 gegeben durch Gleichung 7.12 wobei F das inkomplette elliptische Integral der ersten Art ist.

$$a(F(2\pi t_2|-1) - F(2\pi t_1|-1)) \tag{7.12}$$

Wie die Länge des zurückgelegten Weges abweicht vom Wert den t hat, sieht man in Abbildung 7.7. Dort ist auch eine Gerade, das heißt ein regelmäßig durchlaufener Weg, gestrichelt eingezeichnet. Die Unterschiede erscheinen minimal, sie haben aber einen deutlichen Einfluss auf den Vergleich mit den astrophysischen Resultaten. Wenn nämlich die Lemniskate regelmäßig dreht und P unregelmäßig läuft, entsteht als resultierende Bahn nicht ein richtiger Kreis.

Um doch P regelmäßig durch die Lemniskate laufen zu lassen kann man die inverse Funktion von 7.12 nehmen. Diese ist in 7.13 gegeben, wobei Am die JacobiAmplitude ist und x der Weg.

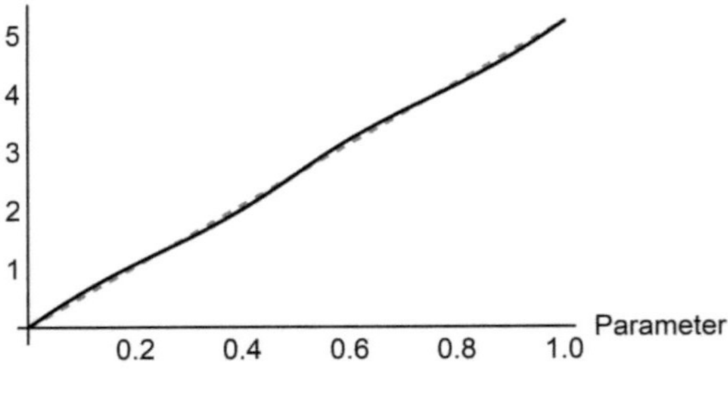

Abbildung 7.7: *Durch die durchgehende Linie wird dargestellt, wie der von P zurückgelegte Weg durch die Lemniskate (vertikal) abhängt von t (horizontal). Die gestrichelte Gerade stellt denjenigen Weg dar, die entstehen würde, wenn P die Lemniskate regelmässig durchlaufen würde.*

Wir können diese Ergebnisse kombinieren und finden eine Funktion, die einen regelmäßigen Weg möglich macht (7.14): wenn man in der Gleichung der Lemniskate statt t diese Funktion eingibt und dort den Parameter t_d von 0 bis 1 laufen lässt, dann wandert P gleichmäßig durch die Lemniskate.

$$t \rightarrow \frac{Am\left(\frac{x}{a}\middle| -1\right)}{2\pi} \tag{7.13}$$

$$t \rightarrow \frac{Am\left(\frac{4aK(-1)t_d}{a}\middle| -1\right)}{2\pi} \tag{7.14}$$

Auch bei der klassischen Cassini-Lemniskate ist der Weg nicht regelmäßig aber auf eine andere Art: es werden in Abbildung 7.8 die ersten 10 Punkte von rechts nach links von Cassini (Schwarz) und Bernoulli (Grau) gezeigt.

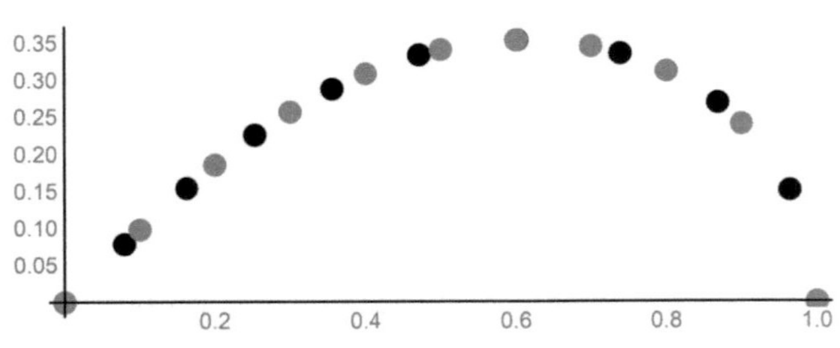

Abbildung 7.8: *Vergleich der ersten Punkte der Lemniskate bei Cassini (Schwarz) und Bernoulli (Grau).*

In den Simulationen wird nicht eine analytische Lösung angewendet, sondern eine numerische inverse Funktion, die dafür sorgt, dass das Resultat einen regelmäßigen Weg von P auf der Bahn ergibt. Auch muss darauf geachtet werden, dass die Drehgeschwindigkeit der Lemniskate nach derselben Funktion verläuft wie die Wegfunktion innerhalb der Lemniskate um die Kreisform der resultierenden Bahn beizubehalten.

Zum Schluss noch eine weitere interessante Eigenschaft der Lemniskate, auf die Rudolf Steiner hingewiesen hat:

Die Lemniskate kann beschrieben werden entweder mit der Gleichung von Bernoulli, in Polkoordinaten oder mit der Gleichung von Cassini - Rudolf Steiner geht immer wieder von der letzteren aus. Für alle gilt, dass das Produkt der Entfernungen $d_1 \times d_2$ für alle Punkte auf der Lemniskate gleich ist. Damit bleibt aber auch das Quadrat der Entfernungen gleich: $d_1^2 \times d_2^2$; und ebenfalls sogar $1/d_1^2 \times 1/d_2^2$.

Wenn man sich nun in dem einen Brennpunkt eine Lichtquelle denkt und in dem anderen einen Zuschauer und dazu ein Objekt, das die Lemniskate durchläuft, dann wird dieses Objekt vom Zuschauer immer mit der gleichen Helligkeit gesehen.

Dass das so ist, kann man auf folgende Weise einsehen: Die Helligkeit einer Lichtquelle nimmt generell mit der Entfernung ab mit dem Faktor d^2. Das Licht von der Quelle kommt also mit einer Helligkeit beim Objekt an die $1/d_1^2$ weniger ist. Dann wird es vom Objekt reflektiert wird und noch mal $1/d_2^2$ weniger wenn es bei dem Zuschauer ankommt. Die Multiplikation dieser Faktoren, die die Helligkeit bestimmen, ist aber auf einer Lemniskate konstant wie wir gerade gesehen haben - und so sieht der Zuschauer das Objekt immer gleich hell.

7.3 Anhang C

Zuerst gehen wir hier auf die Mathematik der Drehungen der Lemniskaten um ihre Symmetrieachsen ein.

Die Rotationsmatrix für eine Drehung um die lange Achse der Lemniskate, in diesem Fall die x-Achse, ist gegeben in Gleichung 7.1; hier läuft t wieder von 0 bis 1 für eine Umdrehung.

In die modifizierte Bernoulli Kurve bringen wir noch eine Phase f ein, die bestimmt wo der Punkt P auf der Lemniskate beginnt. Wenn jetzt gedreht wird um die lange Achse und gleichzeitig P der Lemniskate entlang läuft, bekommen wir solch eine Form, die sich beschreiben lässt durch Gleichung 7.16. Dabei gilt, weil P auf der Lemniskate sich befindet:

$$\{x, y, z\} =$$

$$\left\{\frac{a\cos(2\pi t + f)}{\sin^2(2\pi t + f) + 1}, \frac{a\sin(2\pi t + f)\cos(2\pi t + f)}{\sin^2(2\pi t + f) + 1}, 0\right\} \tag{7.15}$$

Die Kurve die als Resultat entsteht für $f = 0$ ist gezeigt in Abbildung 5.12.

$$M_x \cdot \begin{pmatrix} x \\ y \\ z \end{pmatrix} = \begin{pmatrix} \frac{a\cos(2\pi(f+t))}{\sin^2(2\pi(f+t))+1} \\ -\frac{a\cos(2\pi t)\sin(4\pi(f+t))}{\cos(4\pi(f+t))-3} \\ -\frac{a\sin(2\pi t)\sin(4\pi(f+t))}{\cos(4\pi(f+t))-3} \end{pmatrix} \tag{7.16}$$

Jetzt nehmen wir die Rotation der Lemniskate nicht um ihre lange, sondern um ihre kurze Achse, die y-Achse. Wir beginnen mit der modifizierten Bernoulli Lemniskate inklusive Phase, liegend auf der $x - y$ Ebene mit der langen Achse der x-Achse entlang. Die Rotationsmatrix ist dargestellt in Gleichung 7.2.

Wir lassen den Punkt P beginnen im Kreuzungspunkt und durch die drehende Lemniskate laufen mit der gleichen Geschwindigkeit wie die Drehung - beide machen einen Durchlauf und eine Drehung - und bekommen die Gleichung 7.17 als

Resultat der Drehung.

$$M_y \cdot \begin{pmatrix} x \\ y \\ z \end{pmatrix} = \begin{pmatrix} \frac{a\cos(2\pi t)\cos(2\pi(f+t))}{\sin^2(2\pi(f+t))+1} \\ -\frac{a\sin(4\pi(f+t))}{\cos(4\pi(f+t))-3} \\ \frac{2a\sin(2\pi t)\cos(2\pi(f+t))}{\cos(4\pi(f+t))-3} \end{pmatrix} \quad (7.17)$$

Diese resultierende Bahn ist also ein Kreis. Wie der Kreis orientiert ist, hängt ab von f, der zusätzlichen Phase von P in der Lemniskate. Mit anderen Worten: die Kreisorientierung hängt ab von dem Anfangsort von P. Dies ist dargestellt für einige Phasen in Abbildung 7.9.

Eine Drehung der Lemniskate um die z-Achse behandeln wir hier nicht separat. Entweder ist sie nicht dreidimensional und spielt sich in der $x-y$ Ebene ab, oder diese Rotation ist ähnlich wie diejenige, die um die kurze Achse dreht und die gerade beschrieben worden ist - letzteres ist der Fall wenn die Lemniskate erst 90 Grad um ihre lange Achse gedreht wird und danach um die z-Achse.

Wir gehen über zum nächsten mathematischen Thema, zur vertikalen Bewegung des Systems der Sonnen- und Erdenbahn.

In den ersten Simulationen hat sich herausgestellt, dass wir zwar die vertikale Bewegung konstruieren können, dass aber die Geschwindigkeit dann kleiner ist als diejenigen der Wahrnehmungen der Astrophysik. Wir haben deswegen versucht, ob es möglich ist, zu einem längeren

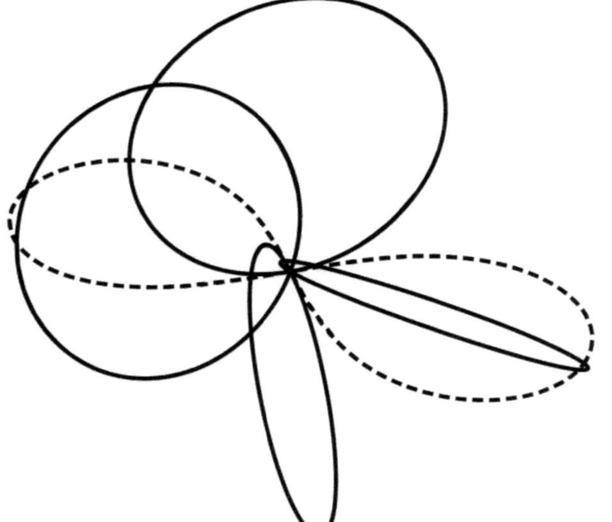

Abbildung 7.9: *Der resultierende Kreis vier mal dargestellt für unterschiedliche Ausgangspunkten von P auf der Lemniskate.*

vertikalen Weg zu erlangen.

Die Größe des Weges in der $z-$Richtung hängt ab davon, wie viel die zwei Bahnkreise zueinander geneigt sind befinden sie sich in der gleichen Ebene, so ist eine Translation senkrecht auf der Bahnebene nicht möglich, weil dann die Erde nie den vorherigen Ort der Sonne durchqueren würde. Bei einer Inklination von α Grad ist maximal eine senkrechte Translation von $2r_1 sin(\alpha/2)$ möglich. Da der Radius des resultierenden Kreises r_2 etwa zwei mal so groß ist wie r_1, ist der vertikale Weg $r_2 sin(\alpha/2)$ und zwar pro halben Umlauf.

Das Verhältnis v von Bahnradius (Abstand Erde-Sonne) zu diesem Weg pro Umlauf im Kreis ist also maximal $2sin(\alpha/2)$. Das heißt für einen Neigungswinkel von zum Beispiel 30 Grad, etwa $v = 0.52$. Für einen Winkel von 90 Grad gilt zwar etwa $v = 1.41$, die Abweichung der Bahnform vom Kreis wird dann aber zu groß. Wenn die Neigung zu groß ist, dann stimmt der resultierenden Kreis wenig überein mit der wahrgenommenen Sonnenbahn durch die erhöhte Exzentrizität.

Wir haben hauptsächlich drei Versuche gemacht, den vertikalen Weg zu verlängern:

1) Anstatt zwei gleich großen Kreisen können wir zum Beispiel den Fall annehmen, dass der zweite Kreis etwa zwei mal kleiner ist als der erste. Wenn dann Sonne und Erde einander in den Kreisen gegenüber stehen, dann ist r_2 etwa $1.5r_1$. Für die daraus resultierende Bahnform macht das wenig Unterschied; der vertikale Weg kann dann etwas größer sein in dieser Situation.

2) Wir haben auch versucht, Sonne und Erde sich langsamer in der Lemniskate bewegen zu lassen, zum Beispiel $4x$, so dass nach vier Runden die Erde sich an der Stelle befindet, an der sich die Sonne befand und das Ganze $4\times$ den $z-$Weg pro Umlauf aufgestiegen ist. Es ist aber so, dass bei etwa gleichen Lemniskaten und einem Phasenunterschied zwischen Erde und Sonne von 0.25 die Erde an der Stelle angekommen ist wo die Sonne am Anfang war nach einem Weg mit der Länge von ein Viertel von der Strecke eines Umlaufs. Dies kann man zwar auseinanderziehen, das erzeugt aber ein Ziehharmonika-Phänomen: alles geht mit. Es wird also auf diese Weise kein längerer Weg entstehen können.

3) Eine andere Möglichkeit besteht darin, mit geringerem Phasenunterschied als 1/4 die Erde und die Sonne laufen zu lassen; zwar könnte dann vielleicht der Wert von v sich erhöhen (weil der resultierende Bahn kleiner wird). Es entspräche aber nicht den Angaben Rudolf Steiners, die generell einen Phasenunterschied von 1/4 andeuten.

Zum Schluss noch eine Bemerkung zu einem anderen Aspekt der erarbeiteten Resultate.

Wie die Lemniskaten genau im Raum stehen um die beiden Kreise zu bewirken, kann man zu einem gewissen Grad selbst bestimmen; man kann mit verschiedenen Anordnungen den gleichen Kreis als Resultat haben. Dabei hängt viel von der Phase ab. Wichtig ist aber, dass die Phasendifferenz im Kreis eingehalten wird um die Angaben von Rudolf Steiner zu berücksichtigen. Man kann die Situation so wählen, dass die Lemniskaten ihre Kreuzpunkte an demselben Ort haben oder sie über einander stehend haben; dies hat keinen Einfluss auf das Vorhergehende. Es sind also Möglichkeiten offen, die Resultate noch besser mit den Angaben Rudolf Steiners und mit den Ergebnissen der modernen Astrophysik in

Übereinstimmung zu bringen.

7.4 Über die Simulationen

"Machen Sie ein Modell" war eine Anregung im Rahmen der Planetenbahnenerkenntnis Rudolf Steiners; er betonte, dass die lemniskatische Planetenbewegung nicht in der Ebene, sondern im Raume nur zu lösen ist. Das heisst, nur mit einer Zeichnung in der Ebene kann man die Lösung nicht finden. Es braucht ein dreidimensionales Modell. Dies kann man nur bauen, wenn man die Lösung schon zum grössten Teil in der Vorstellung gefunden hat. Wir stehen aber zunächst noch ohne eine solche Vorstellung dar. Viele Modelle müssten gebaut werden, um die Lösung finden zu können.

Heute haben wir aber Rechner und Rechenprogramme; im Bewusstsein aller Schattenseiten dieser Entwickelung ist sie doch in diesem Fall ein zusätzliches Hilfsmittel, das viel Zeit und Aufwand sparen kann, wenn es richtig angewendet wird. Man soll sich nur nicht darin verlieren, oder denken, dass das Modell die Wirklichkeit ist oder ersetzt.

Über die geschriebenen und angewendeten Programme kann man sich austauschen, wenn gewünscht. Die Ergebnisse die weitergegeben werden sind Gleichungen und Methoden, erklärt durch Abbildungen. Eigentlich steht vieles von dem, was man dazu braucht, schon in diesem Buch.

Für diejenigen, die selbst Modelle mit dem Rechner erstellen wollen, seien hier einige hilfreiche Erfahrungen aufgelistet:

- Viel und immer wieder testen, kritisch sein, dabei viele Abbildungen machen
- Transparente Programme schreiben, so dass das Lesen der Programme schon sagt, was vorgeht
- *"conceptual integrity"* - das heisst, stelle vor dem Programmieren eigene Regeln auf und weiche nie von diesen ab, auch wenn es viel Aufwand ist
- Der Garten - da wächst ganz viel und soll auch wachsen, aber dasjenige, was sich mit der Zeit als überflüssig oder falsch erwiesen hat, muss mit Aufwand wieder entfernt werden

Unterlagen für diese Arbeit sind namentlich die elektronische Gesamtausgabe des Werkes Rudolf Steiners, Mathematica 11 und Latex unter TeX-studio.

7.5 Zu den Zeichnungen aus GA 171

Wir haben in unseren Betrachtungen viele Zeichnungen namentlich von Rudolf Steiner gezeigt und manche auch verglichen mit den Resultaten der

Simulationen. Sie bilden wertvolle Unterlagen für diese Arbeit. Darum müssen wir auch den Quellen nachgehen, so weit es möglich ist, aus welchen diese überlieferten Zeichnungen stammen. Einerseits gibt es Originalzeichnungen von Rudolf Steiner aus seinen Notizbüchern oder solche, die er während seinen Vorträgen auf mit schwarzem Papier überzogene Wandtafeln gezeichnet hat, die nachher aufbewahrt wurden.

Andererseits haben wir von manchen Wandtafelzeichnungen nicht das Original, sondern nur eine von der StenographIn nachgezeichnete Version.

Als Beispiel nehmen wir die Zeichnungen aus GA 171: wir haben sie gezeigt (Kapitel 4.2) und verglichen mit den Simulationen (Kapitel 6.4). Die einzige Unterlagen für diese Zeichnungen bilden zwei Blätter aus dem Stenogramm und das von der StenographIn angefertigte Typoskript (Abbildungen 7.10, 7.11 und 7.12, hier alle in Schwarz-Weiß wiedergegeben). Unten auf Blatt 2 ist erkennbar, welche von den Zeichnungen die die Stenographin Helene Finckh gemacht hatte, von der Redaktion der Rudolf Steiner Gesamtausgabe als Basis genommen wurde für die Illustration der zwei Lemniskaten der Sonne und der Erde.

Schwieriger wird es mit der Zeichnung der zwei Geraden, an der wir gerechnet haben. Sie ist so nicht direkt zu finden - nur oben auf Blatt 1 ist eine kleine Skizze zu sehen die etwa ähnlich ist, aber nicht ganz. Namentlich der Winkel und die Längenverhältnisse sind anders. In dem von der Stenographin ausgearbeiteten sogenannten Typoskript (Abbildung 7.12) sieht die Zeichnung etwas anders aus, ähnlicher der Zeichnung in GA 171. Welche von diesen Skizzen der Wandtafelzeichnung Rudolf Steiners am ähnlichsten ist, ist nicht ganz klar; weitere Unterlagen gibt es nicht.

Die Übereinstimmung der Simulationsresultate mit den Zeichnungen aus GA 171 ist gut, wie wir gesehen haben; inwiefern dies zu relativieren ist, muss sich zeigen in weiterer Arbeit.

Abbildung 7.10: *Die erste der Originalskizzen von der Stenographin, die die Unterlagen bilden zu den Zeichnungen in GA 171.*

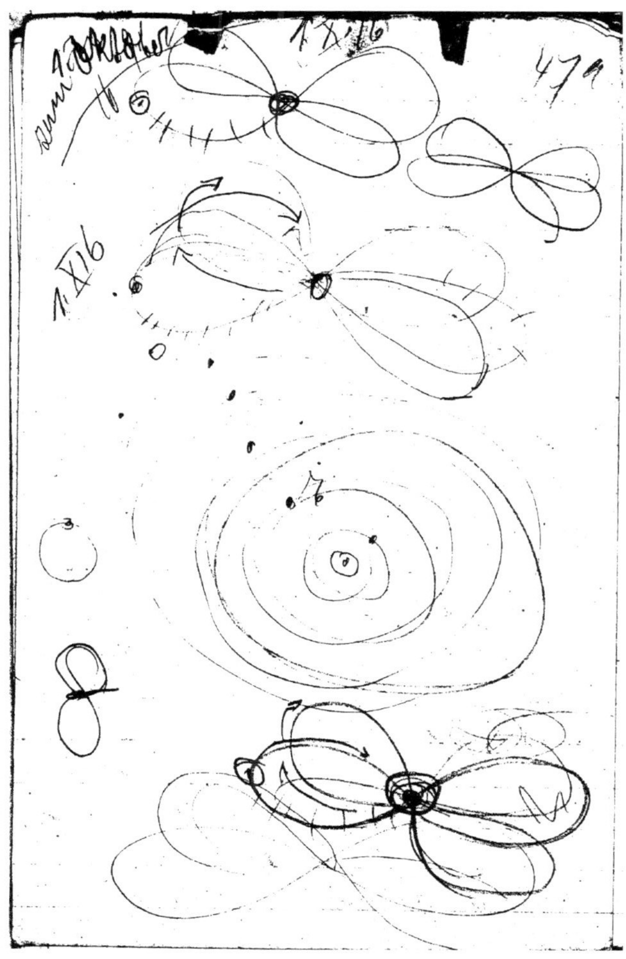

Abbildung 7.11: *Die zweite der Originalskizzen von der Stenographin, die die Unterlagen bilden zu den Zeichnungen in GA 171.*

.16. - 16 -

von einem gewissen Punkte aus gesehen. Ja, so ist es, die verläuft so - nur daß, wenn ich dieses hier zeichne und die Sonne wiederum zurückführe, daß nicht genau der Punkt zusammenfällt mit dem früheren Punkt, sondern etwas darüber liegt.

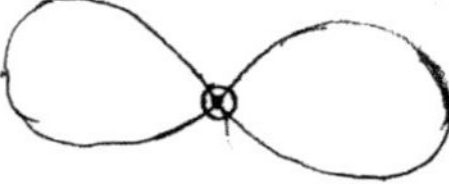

Dies ist eine wirkliche Bewegung, die man geistig wahrnehmen kann von der Sonne.

Aber auch die Erde macht gewisse Bewegungen im Laufe eines Jahres. Auch die Erde macht gewisse Bewegungen, und daß ist so, daß die Erde diese Bahn beschreibt, geistig betrachtet:

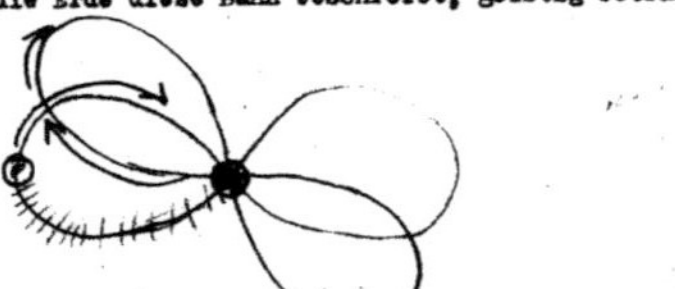

Perspektivisch müssen Sie sich das vorstellen; wenn Sie sich die Sonnenbahn so vorstellen in einer Ebene liegend, so ist die Erdenbahn in dieser Ebene liegend, also von der Seite gesehen; wenn das die Sonnebahn wäre, als Linie betrachtet:

ist die Erdenbahn so:

Aber es gibt im Wesentlichen, wie Sie daraus sehen, im Wesentlichen einen Punkt im Weltenall, wo Sonne und Erde sind, nur nicht zu gleicher Zeit, sondern ungefähr, während die Sonne da ist auf ihrer Bahn (Punkt), also diesen Punkt verlassen hat um ein Viertel ihrer Bahn, fängt die Erde bei ihrer Bewegung an in dem Punkt, den die Sonne verlassen hat. Wir sind nämlich wirklich im Weltenraume nach einer gewissen Zeit an der Stelle, wo die Sonne war; wir gehen gewissermaßen der Bahn

Abbildung 7.12: *Die Seite, aus dem von der Stenographin ausgearbeiteten Text, wo ihre Skizze mit den Geraden zu sehen ist. Diese Skizze führte zu der Zeichnung in GA 171.*

Kapitel 8

Nachwort

Es ist für den heutigen Menschen heilend, sich die Welt und die Weltentstehung konkret so vorstellen zu können, dass sie als Basis eine lebendige Bewegung organischer Formen, wie die der drehenden Lemniskaten, haben. Namentlich für den jungen Menschen, für den Unterricht in der Schule, kann dies eine Hilfe sein, die Anthroposophie mit den heute bekannten naturwissenschaftlichen Resultaten in Übereinstimmung zu empfinden.

Es geht hier um mehr als ein wissenschaftliches Detail.

> "Durch die großen Wahrheiten, wie zum Beispiel die Planetengesetze, schaffen wir uns große Denklinien an, und das ist das Wesentliche an der Sache. Auch darin steckt viel Egoismus, wenn jemand sagt: Ich will mehr moralische Lehren haben und keine über Planetensysteme. - Richtige Weisheit bewirkt ein moralisches Leben." [12] (Seite 141)

8.1 Fortsetzung der Arbeit

Ein Zitat sei voran gestellt, das sein Licht voraus wirft auf die ganze Arbeit:

> "Und wir wollen jetzt auf etwas übergehen, was allerdings, um es in allen Einzelheiten darzustellen, Monate fordern würde, auf das ich Sie aber hinweisen will. Und Sie müssen dabei durchaus berücksichtigen, daß ich ja nur Richtlinien angeben will, deren weitere Ausführung, namentlich deren Ausführung in Bezug auf die Einzelheiten, wo Sie sie immer verifiziert finden werden, eigentlich Ihnen überlassen bleibt.
> Denn sehen Sie, das, was als eine Beziehung zwischen Geisteswissenschaft und den heutigen empirischen Wissenschaften eintreten muß, das ist eine sehr breite Arbeit, eine ungeheuer breite Arbeit. Aber wenn Richt-

> linien einmal gegeben sind, so kann diese Arbeit in einer gewissen Weise ausgeführt werden. Sie ist möglich." [24] (S.175)

Vieles von dem, was bearbeitet worden ist, hat in diesem Buch keinen Platz gefunden. Es wurde das Thema, wie gesagt, beschränkt auf die Problematik der lemniskatischen Bahnen der Sonne und der Erde. In der dargestellten konkreten Anwendung der Idee der Lemniskatenbewegung der Planeten sind somit einige, um nicht zu sagen viele, Aspekte noch nicht oder nicht ganz erarbeitet.

Hier folgt eine Auswahl der noch offen stehenden Themen:

- die Bewegung des Mondes, der Innenplaneten Merkur und Venus und die Vertauschung dieser Planeten
- die Bewegung der Außenplaneten Mars, Jupiter und Saturn
- die Bewegung von Neptun, Uranus und Pluto
- die Bewegung des ganzen Sonnensystems und ihre Beziehung zum Tierkreis und zu den Fixsternen
- Sonnenerkenntnis: die dreifache Sonne, die hohle Sonne, Sonnenwind, Sonnenfinsternisse, Sonnenflecken und andere Rhythmen
- die drei kosmische Ebenen, so wie sie dargestellt werden in [20]
- die Folgen der realen Bewegungserkenntnisse für die Medizin, die Landwirtschaft, Karmaforschung, Horoskopie und Interpretation von Konstellationen
- die Lage des Sonnensystems in der Milchstraße, die Bahnen der Asteroiden, Meteoren und Kometen
- die von der Astrophysik angewandten Korrekturen sollten wegfallen
- die lemniskatischen Bewegungen der Erdachse und deren Einfluss auf die Kulturepochen
- das dritte Kopernikanische Gesetz und die keplerschen Gesetze
- neue Einsichten in eurhythmische und andere künstlerische Aspekte der Lemniskate
- Aspekte der Physik wie Gravitation und andere Sternenkräfte, Licht und Spektrum, Wärme, Magnetismus und Elektrizität, Quantenphysik, Materie und Atome
- neue Kosmologie, alter Saturn, alte Sonne, alter Mond und ihre Wiederholungen
- Aspekte des Kalenders, des 33 Jahre Rhythmus, der Jahresfeste und des Osterdatums

- Astronomie und esoterische Aspekte: in den Klassenstunden, den Erzengelepochen, der Christologie, das Mysterium von Golgatha
- Die Resultate der Arbeiten von Elisabeth Vreede, Eugen Kolisko, Lawrence Edwards und anderen
- Zusammenarbeit mit anderen Wissenschaften und Zusammenarbeit zwischen anthroposophischer und konventioneller Astronomie; Brücken bauen zum Beispiel in der Exo-Planeten-Forschung

Diese Liste ließe sich beliebig fortsetzen.

8.2 Dank

Dank einer finanziellen Unterstützung der *Antroposofische Vereniging in Nederland (AViN)* ist für die *Stichting Elisabeth Vreede Instituut voor Antroposofische Astronomie* vom Autor dieses Buches 2018 (in Teilzeit von Juli bis Dezember) eine Vorstudie erarbeitet worden zum Thema der lemniskatischen Planetenbewegungen. Diese Arbeit wurde seitdem nach Möglichkeit fortgesetzt und daraus ist dieses Buch entstanden.

Mit Dank an Rudolf Steiner, Elisabeth Vreede, Joachim Schultz und an alle andere, die an diesem Thema gearbeitet haben und arbeiten - und an die guten geistigen Führungsmächten der Anthroposophischen Bewegung.

8.3 Zum Autor

Als ich an diesem Thema arbeitete, kam mir manchmal die Frage: *"Waar is een vast punt?"* (Wo ist ein Fixpunkt?) - eine Frage die gestellt wird von *Archibald Strohalm*, in dem Roman mit dem gleichen Titel von *Harry Mulisch*. Gibt es einen Strohhalm an dem ich mich festhalten kann?

Aber der findet sich eben nicht in der physischen Welt.

Dr. Frank Spaan, Dornach (CH)

- hat Astronomie, Physik, Mathematik und Astronomische Instrumentierung an der Universität von Utrecht (NL) studiert, einen PhD in Bildbearbeitung erlangt an der Technischen Universität Delft (NL), jahrelang an verschiedenen Universitäten geforscht (Labor für Raumforschung / Universität Utrecht (NL), Space Division / Nationales Luft- und Raumfahrtlabor (NL), Adaptive Optics Group / Heriot-Watt University (GB), Space Research Centre / University of Leicester (GB)), dutzende Male publiziert unter anderem in den wichtigsten astronomischen Fachzeitschriften *Astronomy & Astrophysics (A&A)* und *The Astrophysical Journal (ApJ)*, eine davon wurde rezensiert in *Nature*, in der Schweizer Optikindustrie gearbeitet als Senior Expert und so weiter.
- ist Initiator und Berater der Stiftung *Elisabeth Vreede Instituut* Den Haag (NL)

- ist registriert als Mentor für Astronomie bei der Freien Akademie in Dornach (CH)
- war Mitarbeiter der *Mathematisch-Astronomischen Sektion* am Goetheanum
- forscht weiterhin in der Anthroposophischen Astronomie
- ist Mitglied der ersten Klasse der Freien Hochschule für Geisteswissenschaft (seit 2004)
- hat Anthroposophische Weiterbildungen durchlaufen auf den Gebieten Kunsttherapie, Musiktherapie, Christologie, Waldorfpädagogik und Biographische Beratung
- ist als Künstler tätig
- Mehr Information auf:
  https://lanz-spaan.ch/Astronomie/
  https://evreedeinstituut.nl/
  www.freieakademie.info/selbstbestimmt-studieren
  https://lanz-spaan.ch/spiritincolour/
  https://www.saatchiart.com/frankspaan

Anmerkungen

[1] Aristoteles, *Metaphysik*. Buch 12, Kapitel 8.

[2] Hermann Bauer, *Über die lemniskatischen Planetenbewegungen. Elemente einer Himmelsorganik*. Verlag Freies Geistesleben, 1988

[3] Wilhelm Kaiser, *Astronomie in Geisteswissenschaftlicher Bedeutung*. Der kommende Tag Verlag, 1925

[4] Joachim Schultz, *Hochschulwoche 1967*. Mathematisch-Physikalische Korrespondenz, Nr. 121, 1981, Seite 6-9

[5] Alexander Strakosch, *Lebensbegegnungen mit Rudolf Steiner*. Verlag am Goetheanum, 1994

[6] Elisabeth Vreede, *Astronomie und Anthroposophie*. 2. Auflage, Philosophisch-Anthroposophischer Verlag, 1980

[7] Elisabeth Vreede, *Geschichte und Phänomene der Astronomie*. 1. Auflage, Verlag am Goetheanum, 1996

[8] Günther Wachsmuth, *Rudolf Steiners Erdenleben und Wirken*. Philosophisch-Anthroposophischer Verlag, 1951

[9] Günther Wachsmuth, *Erde und Mensch*. Archimedes Verlag, 1945

[10] Rudolf Steiner, *Gesamtausgabe*. Rudolf Steiner Verlag,

[11] Rudolf Steiner, *Kosmologie und menschliche Evolution. Einführung in die Theosophie Farbenlehre*. Rudolf Steiner Verlag, Basel, 1. Auflage, 2018, GA 91.

[12] Rudolf Steiner, *Vor dem Tore der Theosophie*. Rudolf Steiner Verlag, Basel, 4. Auflage, 1990, GA 95.

[13] Rudolf Steiner, *Natur- und Geistwesen ihr Wirken in unserer sichtbaren Welt*. Rudolf Steiner Verlag, Basel, 2. Auflage, 1996, GA 98.

[14] Rudolf Steiner, *Die Theosophie des Rosenkreuzers*. Rudolf Steiner Verlag, Basel, 7. Auflage, 1985, GA 99.

[15] Rudolf Steiner, *Menschheitsentwicklung und Christus-Erkenntnis. Theosophie und Rosenkreuzertum Das Johannes-Evangelium*. Rudolf Steiner Verlag, Basel, 3. Auflage, 2006, GA 100.

[16] Rudolf Steiner, *Mythen und Sagen. Okkulte Zeichen und Symbole*. Rudolf Steiner Verlag, Basel, 2. Auflage, 1992, GA 101.

[17] Rudolf Steiner, *Exkurse in das Gebiet des Markus-Evangeliums*. Rudolf Steiner Verlag, Basel, 4. Auflage, 1995, GA 124.

[18] Rudolf Steiner, *Das Geheimnis des Todes. Wesen und Bedeutung Mitteleuropas und die europäischen Volksgeiste*. Rudolf Steiner Verlag, Basel, 3. bearbeitete Auflage, 2005, GA 159.

[19] Rudolf Steiner, *Innere Entwicklungsimpulse der Menschheit. Goethe und die Krisis des neunzehnten Jahrhunderts*. Rudolf Steiner Verlag, Basel, 2. Auflage, 1984, GA 171.

[20] Rudolf Steiner, *Entsprechungen zwischen Mikrokosmos und Makrokosmos. Der Mensch eine Hieroglyphe des Weltenalls*. Rudolf Steiner Verlag, Basel, 4. Auflage, 2015, GA 201.

[21] Rudolf Steiner, *Wege zu einem neuen Baustil - Und der Bau wird Mensch.*. Rudolf Steiner Verlag, Basel, 3. Auflage, 1982, GA 286.

[22] Rudolf Steiner, *Erziehungskunst. Seminarbesprechungen und Lehrplanvorträge (III)* . Rudolf Steiner Verlag, Basel, 4. Auflage, 1984, GA 295.

[23] Rudolf Steiner, *Konferenzen mit den Lehrern der Freien Waldorf-schule 1919 bis 1924, Band I: Konferenzen 19191921*. Rudolf Steiner Verlag, Basel, 1. Auflage, 1975, GA 300a.

[24] Rudolf Steiner, *Das Verhältnis der verschiedenen naturwissenschaftlichen Gebiete zur Astronomie*. Rudolf Steiner Verlag, Basel, 3. Auflage, 1997, GA 323.

[25] Rudolf Steiner, *Die vierte Dimension. Mathematik und Wirklichkeit*. Rudolf Steiner Verlag, Basel, 1. Auflage, 1995, GA 324a.

[26] Rudolf Steiner, *Vorträge und Kurse über christlich-religiöses Wirken II: Spirituelles Erkennen Religiöses Empfinden Kultisches Handeln*. Rudolf Steiner Verlag, Basel, 1. Auflage, 1993, GA 343.

[27] Rudolf Steiner, *Beiträge zur Rudolf Steiner Gesamtausgabe*. Heft Nr. 99/100 1988

[28] Rudolf Steiner, *Beiträge zur Rudolf Steiner Gesamtausgabe*. Heft Nr. 104 1990

[29] Zu dem 33-Jahre Rhythmus lese man die Ausführungen Rudolf Steiners in GA 180. Dort ist 3x33 gleich 99 und nicht gleich 100. Diese Tatsache wird erläutert Buch

"Der 33-Jahre Rhythmus im Werdegang der Menschheit" vom gleichen Verfasser, ISBN: 978-3-7557-4074-2.

[30] Rudolf Steiner Archiv, Dornach, Schweiz; www.rudolf-steiner.com

[31] www.rudolfsteinerverlag.ch

[32] www.evreedeinstituut.nl

[33] https://evreedeinstituut.nl/elisabeth-vreede-archief/

[34] www.goetheanum-verlag.ch

[35] www.jpl.edu

[36] https://www.astro.com/swisseph/swephinfo_e.htm?&lang=g

[37] www.aanda.com

[38] www.apj.com

[39] https://en.wikipedia.org/wiki/Orbital_eccentricity

[40] https://de.wikipedia.org/wiki/Elliptisches_Integral

"Die astronomische Wissenschaft ist ja diejenige,
welche am ehesten Gelegenheit hat,
wieder zurückgeführt zu werden in die Spiritualität.
Das ist bei ihr am ehesten möglich."

Rudolf Steiner